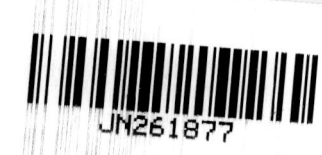

なんで
中学生のときに
ちゃんと
学ばなかったん
だろう…

現代用語の基礎知識・編

おとなの楽習

20

理科のおさらい

気象

自由国民社

装画・ささめやゆき

はじめに

気象・天気の現象については、我が国でも『万葉集』の時代から多くの人々が関心をもって観察しており、歌の中に詠まれています。しかし、それらの現象が科学的に取り扱われ始めたのは、明治の文明開化以降のことでした。

東洋では古くから陰陽道の「陰陽五行の説」がしみ込んでいましたので、日本でも江戸時代までは、占いの世界から抜けきれなかったものと思われます。西洋では、ガリレオが寒暖計（温度計）を1592年に、また門弟のトリチェリが1643年に晴雨計（水銀気圧計）を発明するなどして、科学的な研究が幕開けました。いずれにしても、気象を物理的に取り扱い、科学的な土台を築きあげてきたのは、近世になってからのことで、それほど古い話ではありません。

気象・天気の学習（気象学）は、物理学を土台にして地球表面の大気の状態や運動を考えることです。大空に見られる、いろいろな雲の形態や動きについての想像をめぐらすのは楽しいことですが、いざその内容をきちんと理解しようとすると、数学や化学などの知識も必要となり、なかなか一筋縄にはいきません。現在では、これらに関係した参考書もいろいろ出版されています。ページを広げて先ず目につくのは高気圧や低気圧の説明で、そこから始まって、その周りを吹く風や雨の記述も出てきます。

「動かざること大地の如し」と言われますが、実は私たちは、自転軸を中心として西から東へ回転している地球の球面上に住んでいます。地球表面の回転速度は、東京付近で時速約1350km、マッハ１の音速が時速1225kmですから、音よりも速くジェット旅客機よりも速い乗り物の上で生活しているということを考えて下さい。大気の運動(風)を考えるときには、この「地球表面が西から東へと動く回転速度が北極や南極では小さく、赤道で最大になる」ということを理解し、土台とする必要があります。

北極を真上とした球面を描きますと、地球の重心からの重力によって、赤道に住む人は真横になり、足元から垂直の重力で地球表面と地球の重心とが結ばれています。地球から離れていかないのは、ニュートンの唱えた万有引力によるものであることは、今日疑う人はいませんが、太陽が東の空に上り、西に沈むという眼で見た「現実」を信用する習慣からも抜け切れていない。天動説の方が、ピンとくるのもまた事実です。

気象を科学的に扱うための気象観測が始められて約1世紀半を越えた現代、発達した通信と計算機によって、ほぼ自動的に観測、資料が収集され、天気予報が発表されています。ここでは気象の世界の広範囲な内容と、進んだ技術や研究の基本について、原点に戻って、気象とは何かを素朴に考えてみたいと思います。

2011年　著者

理科のおさらい（気象）

もくじ

3章　風と波の起こり方

4章　雲の種類とでき方

5章　雨と雪の降り方

1章……大気の成り立ち

1．大気圏の構造

大気圏の４つの層

地球は太陽系の惑星のひとつです。地球を囲む空気は大地に対して「**大気**」といわれ、地上から高さ約800 ～ 1000kmまで広がっており、その領域を「**大気圏**」と呼びます。

大気の圧力（気圧）や温度は場所によって変わり、温度の変化に基づくと、大気圏は４つの層に区分されます。下層から順番に「対流圏」「成層圏」「中間圏」そして「熱圏」です。また各層の上限を「対流圏界面」（対流圏と成層圏の境界）、「成層圏界面」（成層圏と中間圏）、「中間圏界面」（中間圏と熱圏）といいます。

大気の４つの層

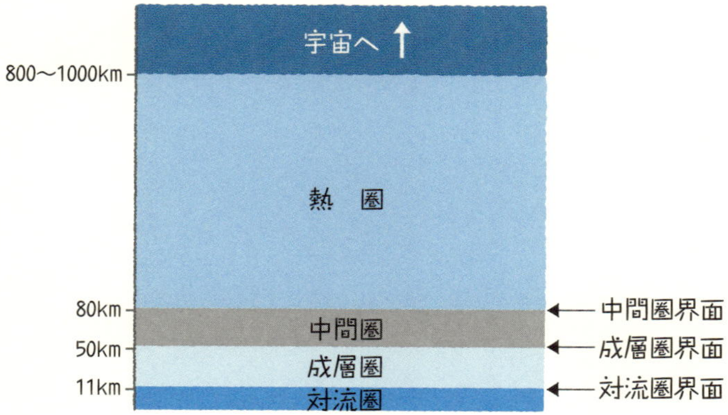

対流圏（たいりゅうけん）

地表から高度約11kmまでの範囲が**対流圏**です。地表付近の気温は平均で約15℃ですが、緯度によって、季節によって、また陸地か海洋かによっても変化します。ご存知のように、高い山では気圧が低くなるため夏でも気温が低く、防寒具が必要です。雨や風など、私たちが目にする気象現象の多くは対流圏で起こっています。

上空で気温が低下する割合（気温減率）は高度１kmにつき約6.5℃です。太陽光はほとんど大気を通過し、地表が加熱され、その熱を大気が受け取ります。地表から遠ざかる上空ほど気圧が低くなるので、上昇した空気は冷却されます。対流圏と成層圏の境界面が**対流圏界面**で、この高さは常時変動しますが、平均高度は赤道付近で約16km（熱帯圏界面／気温は－80℃）、高緯度では約８～９kmと低く（極圏界面／－60℃）、その間は不連続です。

成層圏（せいそうけん）

対流圏界面の上空、約11～50kmまでが**成層圏**です。成層圏は、極付近上空にできる気流の渦である「**極渦**《きょくうず》」や、１日のうちに数十℃気温が上昇する「**突然昇温**」、赤道上空において約２年周期で風の流れが規則的に変わる「**準２年振動**」などの現象が発生します。

高度約20kmまでは気温が約－60℃と一定していますが、それより上空では高度とともに気温が上昇します。これはオゾンが太陽の紫外線を吸収するときに熱を発生させるためです。成層圏の中の特にオゾン濃度が高い部分を「**オゾン層**」といいます。

高度約50km付近で、気温が約０℃の極大温度に達し、ここが成層圏界面です。

中間圏（ちゅうかんけん）

中間圏は成層圏界面の上空、約50～80kmまでの範囲です。対流圏と同じく、大局的には気温は高度とともに低下しますが、中間圏の気温減率は対流圏の半分以下です。そして高度約80kmの中間圏界面で、気温は約－90℃と、大気圏の中での最低温度に達します。

熱圏（ねつけん）

中間圏界面より上層にあるのが**熱圏**で、高度約80km～大気の上限（約800～1000km）までの範囲です。気温は高さとともに上昇し、高度500kmでは約700℃に達します。気温が非常に高いことから「熱圏」といいます。熱圏の気温は太陽の紫外線の強さによります。

窒素や酸素の分子や原子が、波長0.1 μm《マイクロメートル》 以下の紫外線やX線などによって、電子とイオンに電離《でんり》されており、その密度の大きい層が「**電離層**」です。電離層は地上からの電波を反射する性質があり、通信などに利用されています。

また、熱圏では空気の成分が非常に少なく、気体の分子や原子が自由に活動できます。そのため、高度が増すにつれて重力による分離が始まり、軽い気体の分子や原子の割合が増大します。約500kmより上空は特に「**外気圏**」と呼ばれています。

大気の鉛直構造

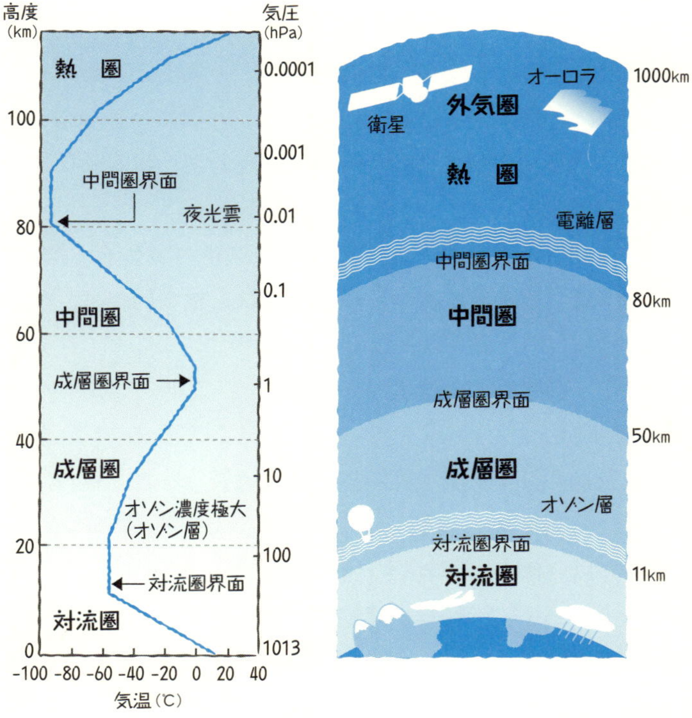

グラフの出典：「R.G.Barry and R.J.Chorley Weather and Climate, .Methuen,1987」

2. 大気の組成

酸素・窒素・アルゴンの発見

古代ギリシャのアリストテレス（B.C.384 ～ B.C.322）は、「土・火・水・空気」を４元素とし、物質はその組み合わせでできていると考えました。時代は進み1775年、フランスの**ラボアジエ**（1743 ～ 94）は、金属が燃えるのは「大気中にあるものが結合するからではないか」と考えました。そして、硫黄や炭素などが、燃焼すること（＝気体と結びつくこと）で、それぞれ別の物質（硫酸や炭酸など）になることを実験で確かめました。

ラボアジエはこの金属と結びつく空気中の気体を「**酸素**」と名付けました。「燃焼」という現象は、化学的には「酸素と結びつくこと（化合）」です。

また、空気中から酸素を除いた残りの元素だけでは、生物は窒息死してしまうということから、残りの元素は“Stickstoff（ドイツ語で「窒息させる物質」）”と名付けられました。日本語の「**窒素**」はこれを訳したものです。

1894年、イギリスの**レイリー**（1842 ～ 1919）は、リンや銅を燃やして「空気中から酸素を除いてつくった窒素」は、窒素の化合物（亜硝酸アンモニウム等）から取り出した「純粋な窒素」よりも密度がわずかに大きいことを発見しました。**ラムゼー**（1852 ～ 1916）と一緒に、空気中から酸素を除い

地表付近の大気組成

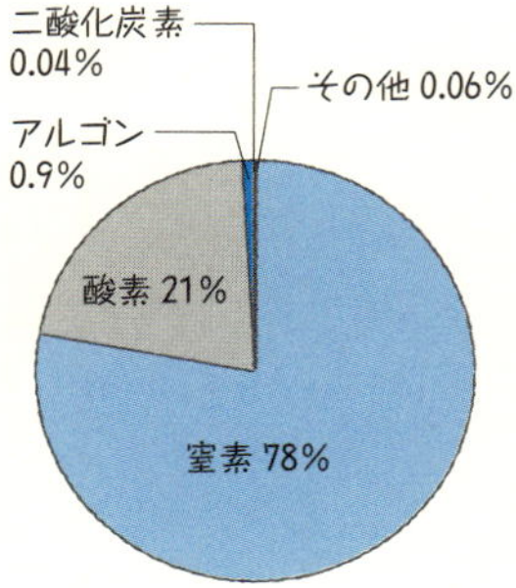

成分(分子式)	容積比(%)	成分(分子式)	容積比(%)
窒　素(N_2)	78.088	クリプトン(Kr)	0.000114
酸　素(O_2)	20.949	水　素(H_2)	0.00005
アルゴン(Ar)	0.934	一酸化二窒素(N_2O)	0.00005
二酸化炭素(CO_2)	0.035	一酸化炭素(CO)	0.00001
ネオン(Ne)	0.001818	オゾン(O_3)	0.000002
ヘリウム(He)	0.000524	水蒸気(H_2O)	不　定
メタン(CH_4)	0.00014		

た気体の中には窒素でないものが約１％あることを確かめ、その元素の名前を「**アルゴン**」(化合物をつくらない「なまけもの」の意味)と名付けました。

現在の地球大気は、窒素（N_2）が約78％、酸素（O_2）が約21％、アルゴン（Ar）が約１％の割合で構成されています。

地表付近の大気組成

ラムゼーはさらに微量に存在する未知の元素を探して、1895年にヘリウム（He)を、さらにネオン（Ne)、クリプトン(Kr)、キセノン（Xe)を発見しました。

空気は、これらに加えて二酸化炭素（CO_2)、メタン（CH_4)、水素（H_2)、一酸化二窒素（N_2O)、一酸化炭素（CO)、オゾン（O_3)、水蒸気（H_2O）がわずかに含まれている「**混合気体**」です。

3. オゾン層の問題

オゾンの生成

成層圏の**オゾン層**は、太陽からの有害な強い紫外線（0.24 μm以下の波長域）をほとんど吸収して、地上の生物の生命を保護する役割を果たしてくれています。生物が生きていけるのはオゾン層のおかげといえます。

オゾン（O_3）の生成の仕組みは、下のようになっています。

①大気中の酸素分子（O_2）が太陽の紫外線を吸収して、２つのより小さな酸素原子（O）に分解されます（光《ひかり》解《かい》離《り》）。

O_2 ＋ 紫外線 → O ＋ O

②分解された酸素原子（O）がそれぞれ別の酸素分子（O_2）と結合して、オゾン（O_3）が生成されます。

O_2 ＋ O → O_3

成層圏の高度約25kmを中心としてこのオゾンが多く存在する層があります（成層圏全体をオゾン層と呼ぶこともあります）。しかし、オゾンが多いとはいえ、その数量は大気分子約100万個に対して１個程度のわずかな存在です。この微量のオゾンの層が、太陽からの有害な紫外線を吸収し、地球上のさまざまな生物の生命を守っています。

オゾンの分布

オゾンは太陽放射中の紫外線によってつくられるので、日射量の多い低緯度（赤道付近）の成層圏で生成されます。しかし、オゾン量が最大となるのは赤道付近の成層圏というわけではなく、また季節も日射量の多い夏ではありません。北半球では３～４月、南半球では９～10月の春に、それぞれ北極・南極に近い高緯度の成層圏で最大になります。赤道付近の成層圏では実は少ないのです。

これは、低緯度の成層圏で生成されたオゾンが、冬季に高緯度の成層圏に運ばれる流れがあり、そこで蓄積されて、春にはオゾン量が最大になるのだと考えられています。

成層圏・中間圏の大気の子午面での大気循環

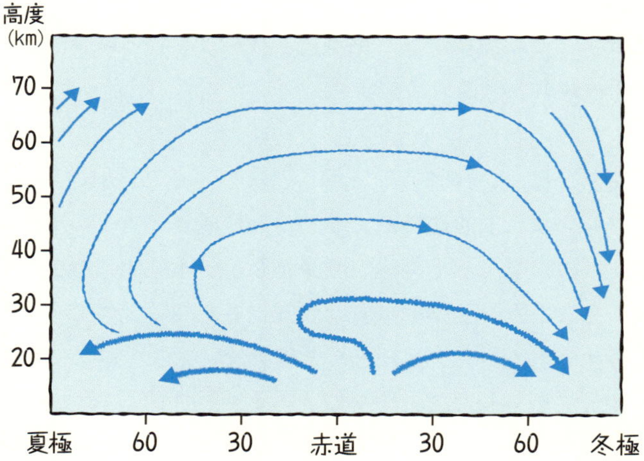

グラフの出典：「R.G.Barry and R.J.Chorley Weather and Climate, .Methuen,1987」

オゾンホール

オゾンの量は、北極・南極に近い高緯度の成層圏で春季に最大になるということでした。しかし、大規模なオゾン層の破壊が1980年代から南極で見られ始め、90年代からは北極圏の30カ所でも観測されています。

日本やアメリカなど15カ国の国際研究チームの解析の結果、2010～11年の冬から春にかけて、南極圏だけではなく北極圏でも、オゾン層の破壊が過去最大規模で進んでいることが分かりました。世界気象機関（WMO）は、北極圏のオゾン全量の40％以上が破壊されたとしています。

北極圏のオゾン層破壊は、スカンディナビア半島やロシア上空など直径3000kmの広範囲にわたっています。衛星から観測すると、周辺に比べて穴があいたように低濃度部位が見えます。その形状から、南極・北極のオゾンの減少は「**オゾンホール**」と呼ばれています。

フロンによるオゾン層破壊

フロンは人工的な物質です。冷蔵庫やエアコンの冷媒、スプレーの噴射剤、半導体の洗浄剤など、産業用に幅広く使われてきました。化学的に非常に安定した気体なので、大気中に放出されたフロンはほとんど壊れないまま上昇して成層圏に達し、紫外線によって分解されます。この分解でフロンから塩素（Cl）が放出されますが、オゾン破壊の原因となるのはこの塩素です。

極域の成層圏上空には「**極成層圏雲**」という雲が冬季に発生します。塩素や硫酸、硝酸、水などからできる雲ですが、春先に気温の上昇とともに融解する際、表面で特殊な化学反応を起こしてオゾンを破壊します。

極成層圏雲は低温であるほど発生しやすい雲です。二酸化炭素などの温室効果ガスに（→P107）よる温暖化が問題となっていますが、温室効果ガスは対流圏の気温を高めつつ成層圏の気温は逆に低下させます。フロンガスは二酸化炭素をはるかに上回る温室効果ガスでもあり、これがさらにオゾンの破壊を促進します。

2011年、北極上空の成層圏では例年よりも10℃以上低い－80℃以下の気温を記録しており、これはオゾンの破壊がいっそう進むことを示しています。

オゾンホールの面積の変化

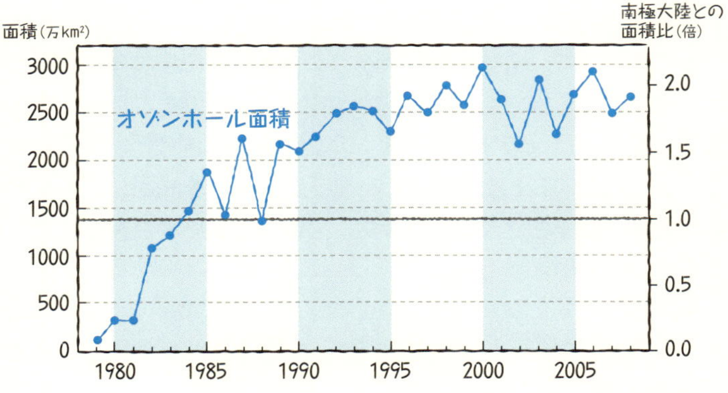

出典：「オゾン層観測報告：2008」

雨量計で降水量を観測

世宗大王《せじょんでわん》

◆(1397～1450)◆李氏朝鮮◆

世宗大王は、李王朝が朝鮮を統治する時代の第４代の王様です。1442年に、円径７寸・長さ１尺５寸の、銅製の「測雨器（雨量計）」を作成して国内の各地に配置し、降水量の観測を始めました。朝鮮総督府・仁川観測所長だった和田雄治の研究論文「朝鮮古代観測記録調査報告」（1917年）に掲載されています。

国内降水量の観測網といえば、今の日本でいえば「アメダス」に相当しますが、500年以上も前に国内での降水量観測を実施したというお話です。

世宗大王は1397年、第３代太宗王芳遠の第三子として生まれ、王子時代の名前を忠寧大君といいました。父の太宗王が彼を次の王様に推挙するとき、「聡明にして、学問を好み、どんなに暑くても寒くても、終夜飽きることなく勉学に励む」と語ったそうです。22歳のとき父の太宗王から、王位を継ぎました。

世宗大王の偉業からも、それが単なる賛辞でないことが十分理解できる言葉です。当時の最高学府である集賢殿《しゅうけんでん》の学者達にも単なる命令を下すのではなく、学問的なサジェスチョンを与え、しかも根気強く支援した真摯な姿勢が多くの文化を創造させたといわれています。1432年に王立天文台である「簡儀台《かんぎだい》」を設置し、多くの天体観測器を製作させました。また、日時計と水時計を製作させたことも知られています。

韓国の子どもたちが入学して最初に出会う文字、つまり「ハングル」を制定した王としても有名です。ハングルは字の構造が発音学に基づいていて、世界の文字の中でも最も合理的ともいわれており、世宗大王の名を一層高めています。

2章……気圧の働き

1. 低気圧と高気圧

気圧＝大気の重さ

「**気圧**」という言葉は、等圧線が描かれた天気図とともに天気予報でよく耳にします。温帯地域の雨や風は低気圧によって起こるものが多く、気圧を無視して天気予報はできません。気象を見る上で基礎となる「気圧」とはそもそも何でしょうか？

地球表面を覆う大気の層には、当然ながら重さがあります。気圧とは、この空気の層の重さです。海面では面積１cm^{2}あたり約１kg（水銀柱なら約76cm、水だと約10mにあたる）の圧力がかかっています。高い所ほど気圧が低いのは、その上にある空気の層の厚さが薄くなるからです。

日常でも、気圧の変化が感じられることはあります。エレベーターで急上昇したときや列車がトンネルに入ったときに鼓膜がツンとなるのは、気圧の変化のせいです。登山でお菓子の袋が膨らむのも気圧が下がったことによります。

水が暖められ、水蒸気の蒸発で上昇気流が発生して気圧が低くなるなど、同じ高度でも気圧は常に変化しています。この気圧の山や谷が「高気圧」や「低気圧」と呼ばれ、気圧の高低の差が風の吹く原因となっています。

単位は、かつては**ミリバール（mb）**が使われていましたが、現在では**ヘクトパスカル（hPa）**が使用されています。地上の平均気圧は約1013hPaです。

低気圧とは

地上天気図で気圧の等しいところを結んだ線を「等圧線」といいます。この気圧は高度の異なる観測点の気圧を海面での気圧に補正したものです。等圧線がくるりと丸く閉じていて、周囲よりも気圧が低い所が**低気圧**です。

低気圧には基準の数値はなく、あくまで周囲と比べて気圧の低い領域のことで、相対的なものです。

低気圧は中心ほど気圧が低く、地表付近では地表からの摩擦を受けて、中心に向かって空気が吹き込みます。吹き込んだ空気は上空へ昇り、上昇気流となります。一般的に低気圧の下では雲ができやすく、悪天となります。

熱帯に発生するものを「**熱帯低気圧**」、温帯で発生するものを「**温帯低気圧**」といいます。単に低気圧といった場合は温帯低気圧のことを指します。

「**台風**」は、最大風速が一定の基準を超えて、日本に近づいてきた熱帯低気圧のことです。

高気圧とは

高気圧とは等圧線が閉じていて、周囲よりも気圧が高い所をいいます。高気圧は中心ほど気圧が高いので、地表付近では中心から外側に向かって空気が吹き出し、吹き出した空気の後には、それを補うために上空から空気が下ってくるため下降気流となります。一般に高気圧域では雲ができず晴天となります。

海洋や大陸の上には、非常に広い区域を占めて高気圧が存在します。このような広い区域に空気が停滞すると、次第にその接する表面に特有な性質を持つようになります。広範囲にわたって地表面の性質が一様だと、その上に停滞している空気も水平方向に一様になります。

日本付近では「**シベリア高気圧**」「**太平洋高気圧**」「**オホーツク海高気圧**」などが形成されます。

低気圧と高気圧

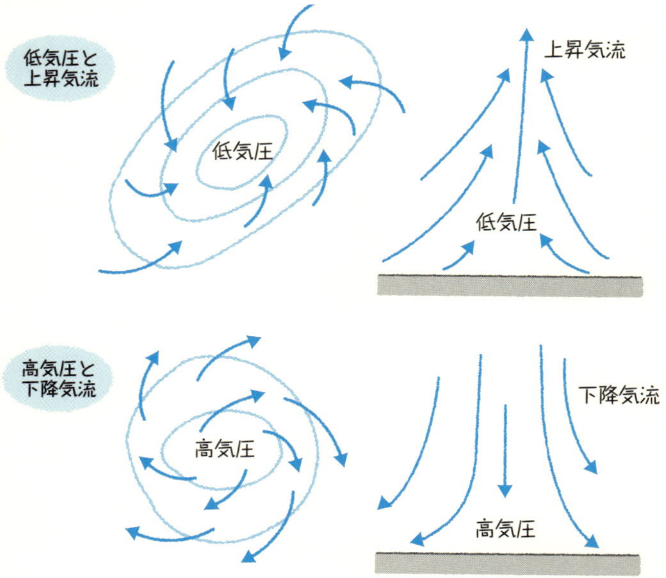

2. 低気圧の仕組み

低気圧はなぜできる？

アメリカの気象学者**フェレル**（1817 ～ 1891）は、「大気が局地的に加熱されると、そこの空気密度は小さくなり、上昇気流が発生する。すると地上の気圧は低くなり、周囲の空気が流れ込んで、低気圧ができる」と考えました。このフェレルの局地的な加熱説は非常に簡単明瞭だったので、低気圧の成因を説明するものとして広く信用されていました。

この説によれば、低気圧域内の空気は周囲よりも高温でなければなりません。ところが、オーストリアの**ハン**（1839 ～ 1921）は、1890 年のウィーン学士院の例会で「高山観測の結果を使って上空の温度分布を調べたところ、低気圧域内は周囲よりも低温で、気温は高気圧域内の方が高い」という研究結果を発表しました。その後の多くの研究でもこれは裏付けられ、フェレルの説は見棄てられました。

「前線」の発見

温帯低気圧の一生について重要な貢献をしたのは、**ビヤークネス**（1862 ～ 1951）です。第 1 次世界大戦中、自国ノルウェーにある多くの観測所の観測結果を解析し、低気圧の構造を調べ、風・気温などの気象要素の分布が非対称的に不連続な「**極前線**」を発見したのです。これは近代気象学上においてもっとも大きな貢献の一つであり、今もこの考え方は生きています。低気圧を前線における不安定波動と見る「**低気圧の波動説**」が確立したのです。

ビヤークネスによる低気圧のモデル

ビヤークネスの考えた低気圧モデルが右の図です。(b)が水平面の構造で、地上の風の動きと降雨域（斜線部分）を示します。(a)は低気圧中心より北側の東西垂直断面、(c)は中心より南側の垂直断面図です。(b)では低気圧域内が寒気と暖気からなっていて、暖気は南方から寒気の中へ舌状に侵入しています。

低気圧は極前線が屈曲した所で発達し、(b)図の太い破線方向へ進みます。右側の前線は、寒気が暖気に換わる温暖前線で、左側は暖気が寒気に置き換わる寒冷前線です。

垂直断面図を見ると、中心より南側の(c)断面図では、温暖前線と寒冷前線による降雨が相次いで起こっていることを示しています。中心から北側の(a)断面図では、暖気は寒気と混合せず、上空にのみ存在します。この部分では(b)図を見ますと、上の暖気は西寄りの風で、下の寒気は東寄りの風となります。

発達した温帯低気圧の構造

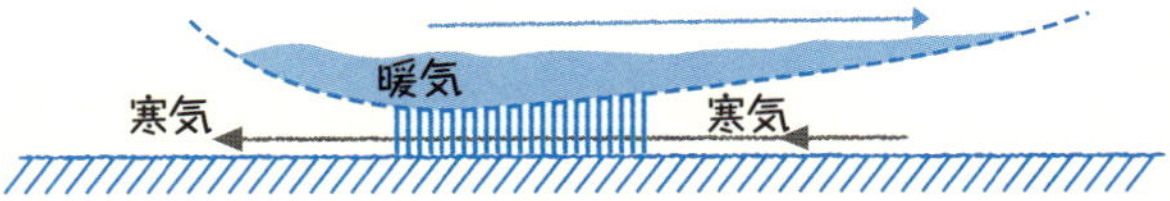

(a) 断面図

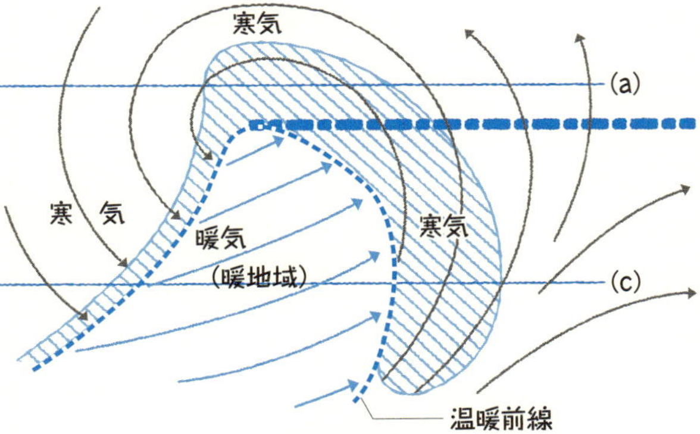

(b) 水平図

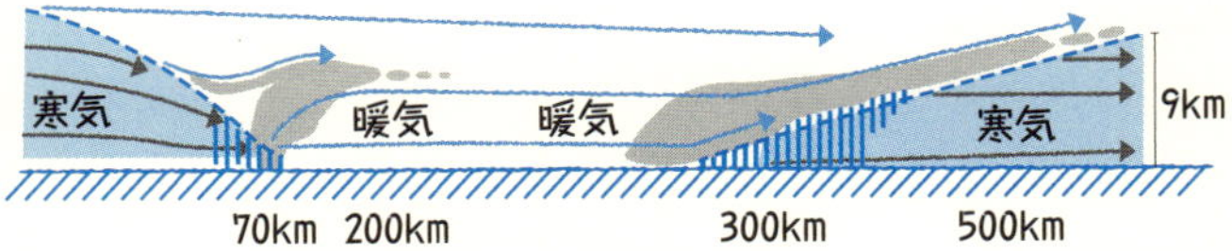

(c) 断面図

3. 低気圧の一生

古典的な低気圧の発達モデル

ビヤークネス以降、北半球での低気圧の一生については、次のようなモデルで考えられています。

①発生期

北からの寒気と南からの暖気がぶつかり、前線が発生します。前線の一部が波打ち、小さい不安定な波動ができると、時間とともにその振幅が増し、渦巻きとなり、低気圧が発生します。その後は、発達しながら西から東、あるいは北東へ移動します。

②発達期

密度の大きい寒気が暖気の下にもぐり込み、暖気が寒気の上に押し上げられて、反時計回りの渦巻きが発達して、中心気圧がどんどん下がって行きます。低気圧の中心から、南西方向に伸びる寒冷前線と、南東方向に伸びる温暖前線をともなっています。

③最盛期

温暖前線と寒冷前線が形づくる波が大きくなり、寒冷前線が温暖前線に追いつき閉塞前線ができ始めます。中心気圧はさらに下がり、低気圧は最盛期を迎え、風雨ともに最も激しい時期となります。

低気圧の中心気圧は、冬期を除いて多くの場合、台風（熱帯低気圧）ほどは低くなりません。

④衰弱期

低気圧の中心は、閉塞前線の北西側に取り残されます。気圧は上がり始め、低気圧が衰えて、寒気の中に消滅してしまい、下方には新しい準定常前線ができます。

地上低気圧発達のモデル図

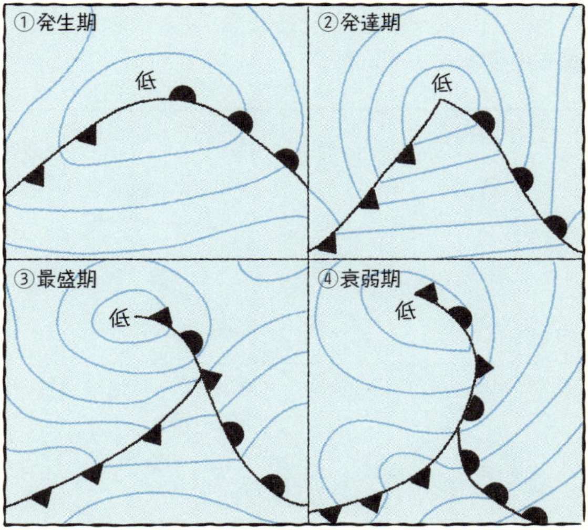

●**温暖前線**
暖気が寒気の上にゆっくり上昇し、寒気を推進。

●**寒冷前線**
寒気が暖気の下にもぐり、暖気を激しく押し上げ。

●**停滞前線**
暖気が寒気の上にはい上がり、境目は殆ど停滞。

●**閉塞前線**
寒冷前線が温暖前線に追いついてできる前線。

シャピロの新しい低気圧モデル

ビヤークネスの低気圧モデルは、地上観測の結果から導かれたもののため、高層観測や気象衛星などの観測技術が発達してくると、説明の出来ない部分や不備が見つかるようになりました。1980年代以降、アメリカの**シャピロ**（1929～）などが、海域については閉塞前線を考えない下図のモデルを提唱しています。

海洋性低気圧発達のモデル図

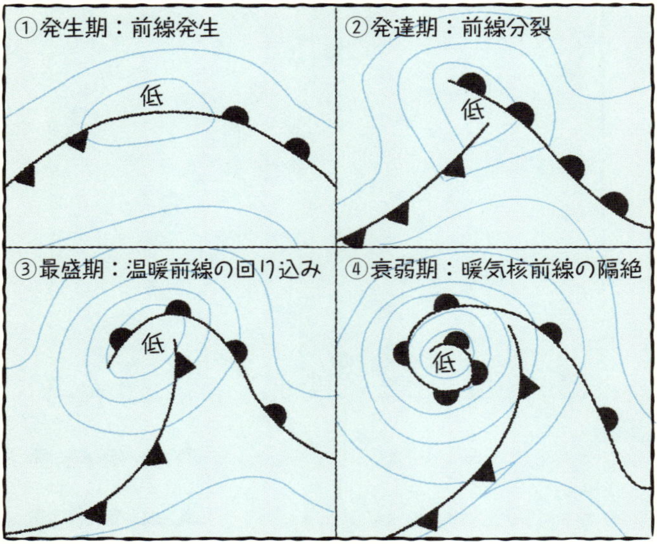

4. 台風(熱帯低気圧)

発生場所の条件

台風(熱帯低気圧)は、熱帯のように高温な海面からの熱エネルギーによって発生します。発生場所として必要な条件は以下の3つです。

①海面水温が26～27℃以上の海域

②熱帯収束帯(赤道付近に形成される低気圧地帯)

③コリオリの力が働く緯度

「**コリオリの力(転向力)**」とは地球の自転により、移動方向と垂直な方向に働く力であり、北極で最大、赤道ではゼロとなります(→P50)。コリオリの力がゼロの赤道では熱帯低気圧は発生できません。

台風の発達メカニズム

通常、熱帯低気圧は北緯5°付近の暖かい海上で発生し、太平洋高気圧の南のふちをゆっくりと西進します。高緯度ほどコリオリの力が強くなるので、渦の回転は北上するにつれて強くなり、台風へと成長します。太平洋高気圧がやや衰え始め、気圧の尾根の低い所ができると、その尾根の低い所を北上します。

中緯度まで進むと、強い偏西風の影響で東に向きを変えます。北緯20°付近で、進路を西から東向きに変えることが多くなり、その向きを変える地点を「**転向点**」といいます。転向点は台風の発生する季節や年、太平洋高気圧の勢力や形、偏西風の位置などによって異なります。

熱帯海域は日射量が多いので、海水温度が高く、海上の大気も高温で水蒸気を多く含んでいます。熱帯収束帯（赤道付近）で上昇気流となり、積乱雲が発生します。積乱雲の群が渦となり、熱帯低気圧が発生します。

気象庁風力階級で風力８（最大風速が毎秒17.2m）以上になると「台風」とされます。

台風の分類

台風の大きさ（中心からの強風域毎秒15m以上の半径）

大きい（大型）	500km以上、800km未満
非常に大きい（超大型）	800km以上

強さ（最大風速）

強　い	秒速33m以上、44m未満
非常に強い	秒速44m以上、54m未満
猛烈な	秒速54m以上

台風の性質

周囲の風は中心付近で急速に強まり、「遠心力」によって中心には入り込めません。風は中心付近を上昇し、積乱雲の壁（**眼の壁**）をつくります。風雨の強い上昇流域です。中心は下降流域で、晴れています。

エネルギー源は26～27℃以上の海面からの水蒸気で、その供給がなくなれば衰えます。冷たい海域に進めば衰弱を始め、上陸をすると水蒸気の補給が小さくなるうえ、陸面との摩擦で急激に弱まります。

熱帯低気圧は１年中発生していますが、北半球では７～９月、南半球では１～３月に集中しています。赤道上ではほとんど発生せず、熱帯でもペルー沖では海面水温が低いため発生していません。

台風の断面図

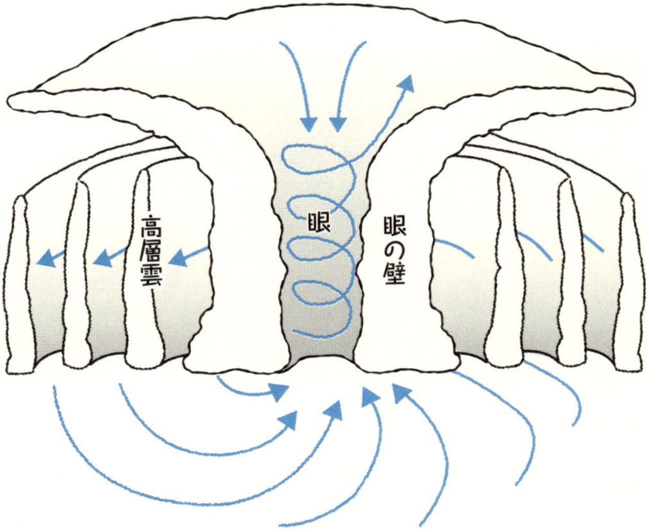

5. 寒冷渦（寒冷低気圧）

寒冷渦の性質

「**寒冷渦**《かんれいうず》**（寒冷低気圧）**」は、寒気からなる低気圧です。天気予報で聞く「上空に寒気をともなった低気圧」とは、この寒冷渦のことを指しています。

寒冷渦の成因は、中緯度の対流圏界面付近を吹く偏西風（特に、その強い部分である「ジェット気流」）の蛇行です。蛇行が大きくなり、元の流れから切り離されて生じた低気圧の渦が寒冷渦です。発生後、ジェット気流は寒冷渦の北側を西から東へ流れるものと南側を回るものの２つに分かれます。寒冷渦自体の移動速度は遅いのが特徴です。

地上天気図（→P134）では低気圧がはっきりせず、気象衛星の赤外画像では上空の渦が鮮明に現われます。これは密度の高い寒気が下降することで、地上付近では低気圧が不明瞭になるからです。

また、中心で冷たい空気塊が下降することで、上空の成層圏の空気は周囲よりも高温になります。そして対流圏上部では圏界面（成層圏の下部）が下降します。

偏西風の流れから切り離されて生まれることから「**切離**《せつり》**低気圧**」とも呼ばれますし、対流圏上層で明瞭なため「**上層寒冷低気圧**」という呼ばれ方もします。切離低気圧、上層寒冷低気圧、寒冷低気圧、寒冷渦は同じ現象ですが、気温・高度・

流れなど、どこに注目するかによって呼び名が変わるのです。

寒冷渦の鉛直構造

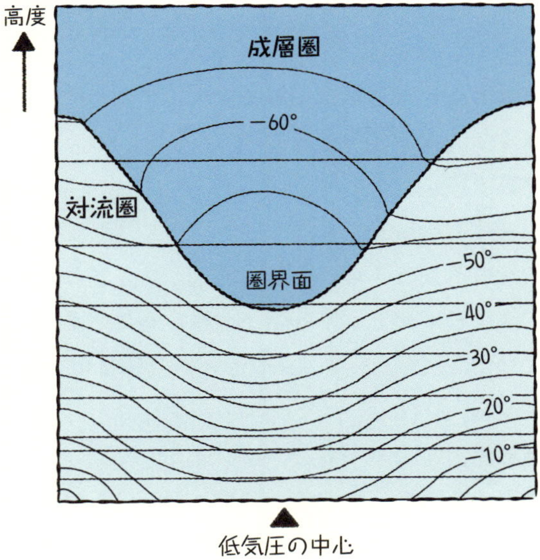

寒冷渦と天候

寒冷渦が通過すると大気が不安定になり、積乱雲などが発達します。雹《ひょう》、豪雨、落雷、突風などを起こさせます。冬に日本海側に大雪を降らせたりもします。また、ジェット気流から切り離されていて動きが遅いため、「雷三《かみなりみっ》日《か》」のような悪天候が数日の間続くことも多いのです。

6. 日本付近の高気圧

日本付近の高気圧

日本付近には様々な高気圧が形成されます。そのいくつかを紹介します。

○シベリア高気圧

冬季、高緯度の大陸上で発達するシベリア高気圧は、対流圏の下層に形成される非常に冷たい空気に満たされた背の低い高気圧です。日本海上を渡る間に変質した気団が、日本海側の地方に大雪をもたらし、山越えした気流は乾燥した風（空っ風）となります。

○太平洋高気圧

北太平洋上の亜熱帯高気圧で、夏季、関東以西の日本はこの気団の北西側の縁に位置し、広範囲にわたって下降気流域となり、高温・湿潤・晴天続きの天気をもたらします。三陸沖や北海道に移動するときは変質して、広範囲な海上に濃霧（移《い》流霧《りゅうぎり》）を発生させる原因となります。

○オホーツク海高気圧

梅雨期にオホーツク海上に現れる冷たく湿潤な高気圧です。主として日本東北部に影響を及ぼし、太平洋高気圧との間に梅雨前線を形成します（→P92）。盛夏までこの気団におおわれると、北日本では北東気流となり、低温と日照不足で冷害の原因となります。

◯移動性高気圧（揚子江《ようすこう》気団）

中国東北区・モンゴルから満州にかけての地域にできる暖かく乾燥した移動性の高気圧です。春や秋によく現われ、高気圧の東側では晴天の所が多いですが、西側では後の低気圧の前面になり、天気は下り坂です。

◯切離高気圧

偏西風の蛇行が大きくなると、「ブロッキング高気圧」が形成され、10日～２週間ほど持続します。移動する低気圧の東進をさまたげ、高気圧の西側で悪天が続きます。

日本付近の高気圧分布

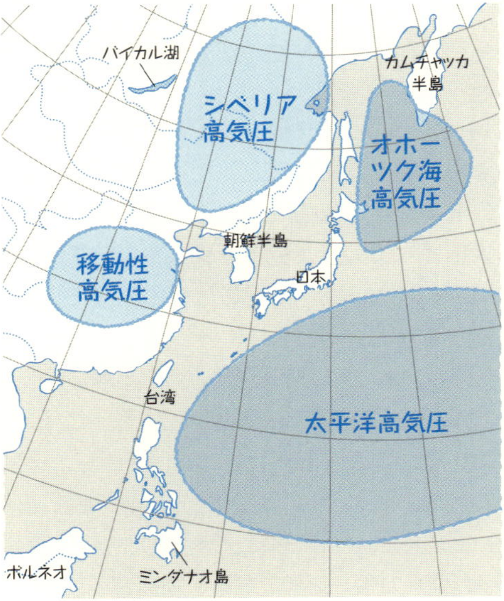

晴雨計から暴風雨を予報

ゲーリッケ

◆(1602～1686)◆ドイツ◆

ゲーリッケは、1602年11月20日にドイツのマグデブルク市に生まれました。ライプツィヒ大学などで法学を学んだ後、オランダのライデン大学などでも数学と物理学を学びました。

1630年、三十年戦争の際、スウェーデン王グスタフ・アドルフの軍がドイツに攻め入り、マグデブルク市も攻撃され、全くの廃墟となります。ゲーリッケはこの戦いの後、いっときスウェーデン側の仕事をしていましたが、マグデブルクが再建の緒につくと、1646年から市長となりました。

トリチェリが1643年に晴雨計を発明してから、わずか20年くらい後のこと、ゲーリッケはとりわけこの晴雨計の器械が気に入り、自宅に一基据え付けました。

晴雨計といっても、長さ10ｍほどのガラス管の上部を塞ぎ、水の入っている桶の中に逆さまに立てた程度の、単純な装置です。ガラス管の中の水が止まる位置の上部に木製の小さな人形が取り付けられ、その人形が水位の上がり下がり（つまり気圧の高低）を示す仕組みになっています。晴れた日には高い位置で止まり、天気が悪くなると下がります。

1660年12月6日、空は晴天でした。当時マグデブルクの市長だったゲーリッケは、家の外に設置した晴雨計の「人形」が、著しく下がったのに気がつきました。さっそく市民に「これから暴風雨が来るかもしれない」と予告しましたが、誰も信じません。はたして非常に強い暴風雨がやって来て、市内は大あらしになったのです。

ゲーリッケはその後、永年市長を勤めて、1681年に退職し、1686年5月11日ハンブルク市で亡くなりました。

3章……風と波の起こり方

1. 風のとらえ方

観測方法

地上の風の観測は、観測用に整備された土地である「**露《ろ》場《じょう》**」などの開けた場所に塔や支柱を建てて、地上10 mの高さに測器を設置して測ることが基準となっています。風速計は、「風杯型風速計」や「超音波式風速計」が使われることもありますが、日本では主に「**風車型風向風速計**」が使用されています。また、上空の風はウィンドプロファイラ (→P122)などによって計測されています。

「**風向**」とは、風が吹いてくる方向のことです。南風とは南の方向から吹く風で、南へ向かって吹く風ではありません。「**風速**」は、空気が移動した距離とそれに要した時間との比、つまり単位時間に空気が移動した距離です。風向や風速は常に変化しており、またその観測結果の使われ方も様々で、風速には複数の測り方があります。

平均風速と瞬間風速

風は大気中のいろいろな乱れによって、風向・風速が絶えず小刻みに変化しています。これを「**風の息**」といい、この影響を取り除くため、通常の気象観測では前10分間の値を平均して、それを1分間ずつずらして、ある時刻における風向・風速としています。これが「**平均風速**」で、一般に風速

風車型風向風速計

といえばこの平均風速を指しています。気象情報などでも耳にする「**最大風速**」とは、この10分間風速のうちの最大風速です。

また、例えば台風などの強風への防災のためには、瞬間的な風の速さについて知ることも重要ですので、気象庁では「**瞬間風速**」という別の尺度でも測定しています。瞬間風速とは、0.25秒に1回得られる観測値の、3秒間の平均値（0.25秒間隔で計測した値12個の平均値）のことです。この瞬間風速の最大値を「**最大瞬間風速**」としています。

多くの場合、最大瞬間風速は平均風速の1.5～2倍になります。この最大瞬間風速を平均風速で割った値を「**突風率**」といいます。

2. 大気の南北大循環

３つの対流

「貿易風」や「偏西風」という言葉は一般にも馴染みのあるものではないでしょうか。地球の大気には大規模で恒常的な流れがあり、それは「**大気の大循環**」と呼ばれています。

大気の流れは、地球の自転による力（コリオリの力）や緯度による気温の違いのために起こり、大きく３つの循環に分類されます。

ハドレー循環

低緯度地域の大気の循環が「**ハドレー循環**」です。赤道付近で暖められて上昇した空気が、上空を緯度30°付近まで南北に移動したあと、下降して地表付近を通り、赤道まで戻るという循環です。

上昇して高緯度へ移動した空気は、北緯20 〜 30°の中緯度まで進むと、強く吹いている偏西風（亜熱帯ジェット気流）にあたり、それ以上高緯度方向に移動できずに下降して高気圧をつくります。この高気圧は東西方向に帯状に存在し、「**亜熱帯高圧帯**」と呼ばれます。亜熱帯高圧帯の下は乾燥しており、サハラ砂漠などはその代表例です。

また、亜熱帯高圧帯から地表近くを赤道に向けて吹き込む風が収束する低気圧地帯を「**熱帯収束帯**」といいます。特に海洋上では顕著に見られますが、アフリカや南米大陸など、陸上では不明瞭です。

この空気の流れは、1年を通していつも発生しており、「**直接循環**」といいます。

ハドレー循環では、コリオリの力によって、上空の風は西風（正しくは北半球では南西風、南半球では北西風）、地表面の風は東風（北半球では北東風、南半球では南東風）になります。この地表面の東風を「**偏東風**」または「**貿易風**」といいます。

フェレル循環

フェレル循環とは、緯度20～30°（亜熱帯高圧帯）と緯度50～60°（**亜寒帯低圧帯**）の間で対流している中緯度地域の大気の南北循環です。緯度20～30°の暖かい空気が下降し、地表近くでは高緯度地域に向かって吹き、緯度50～60°で冷たい空気が上昇して、上空では冷たい空気が低緯度地域へ向かう図となります。

フェレル循環での空気の流れは、「1年を平均した場合に、温度の高い空気が下降し、温度の低い空気が上昇する」というものです。これは理論的には矛盾した大気の運動ですが、1年間のある経緯度でのデータを統計して出た結果ということで、ハドレー循環のように常に起きている循環ではありません。緯度線に沿った一周の値の平均値でしかないため、見かけ上の動きといえます。

また、フェレル循環によって生まれる地表の風が「**偏西風**」で、貿易風とは反対の向きに吹きます。

フェレル循環は、1回の現象として発生するものではなく、統計データに表れる循環ということから、「**間接循環**」と呼ばれています。

極循環

「**極循環**」は、緯度60°付近から極までの高緯度にある、弱い循環です。

極付近では冷たい空気が滞留してできる「**極高圧帯**」から中緯度への地表近くの流れがあり、亜熱帯高圧帯から高緯度への流れが衝突する緯度50～60°では「**亜寒帯低圧帯**」が形成されます。ここで上昇した空気は、極地方へ進むと冷却して下降し、下降した空気は赤道方向への動きに沿って暖められ、緯度50～60°へ向かって移動します。

地表面を吹く風はやや東に傾き、この風は「**極偏東風**」といいます。この循環はハドレー循環と同じ1年を通じた現象で「直接循環」です。

南北方向の大循環

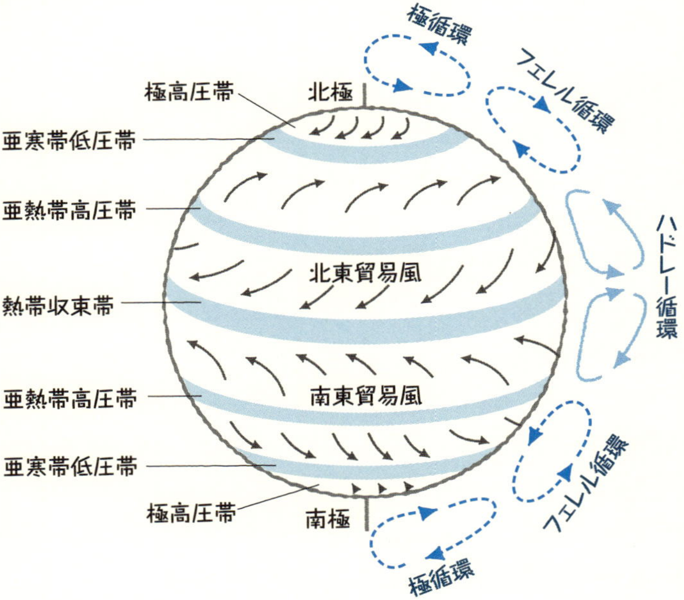
極循環
フェレル循環
ハドレー循環
北極
極高圧帯
亜寒帯低圧帯
亜熱帯高圧帯
北東貿易風
熱帯収束帯
南東貿易風
亜熱帯高圧帯
亜寒帯低圧帯
極高圧帯
南極
フェレル循環
極循環

3. コリオリの力(転向力)

地球の自転による力

ハドレー循環に名前が残るイギリスの**ハドレー**（1685～1768）は、南北の大きな循環を考えて、「赤道付近で上昇した空気は上空で極方向への流れとなり、極で冷やされた空気は下降して、赤道へ戻る」という大気の流れを唱えました。しかし実際には、大気の循環は３つあって、ハドレーのいうような単純な流れではありませんでした。

これは地球の自転による力（**コリオリの力**）を考えに入れていなかったためです。私たちが住む地球は自転をしているので、風を見る場合は地球の自転による力を考える必要があります。地球規模の風の動きを理解するためのキーワード、「コリオリの力」とは何かを考えてみましょう。

赤道から真北への運動

地球は西から東に自転しています。その自転の速度は、高緯度で遅く、低緯度へ行くにつれて速くなり、赤道で最大になります。赤道上では１日で地球１週（40000km）、北極と南極では自転による移動はゼロです。この違いがコリオリの力を生んでいます。

①赤道上の点Ａから真北に向かって飛行機が飛び立ちます。

１時間後に地球は自転して距離ＡＢを回転するとします。

②１時間後、Ａ点から真北のＣ点（北緯60°）に向かった飛行機は、北方向にはＡＣ間の距離を飛び、東方向には地球の自転速度を受け、ＡＢの距離（1667km）を飛びます。実際に到着するのは、その合力のＥ点です。

③Ｂ点から見た真北はＤ点です。飛行機はＥ点まで進んでいるので、真北に向かったのですが、ＤＥ間（833km）だけ東（右）にそれたことになります。

実際には飛行機に外から力が加わって進路を曲げたわけではありませんが、地球上の観測者からすると右に曲がって見えるのです。

コリオリの力（赤道から真北への運動）

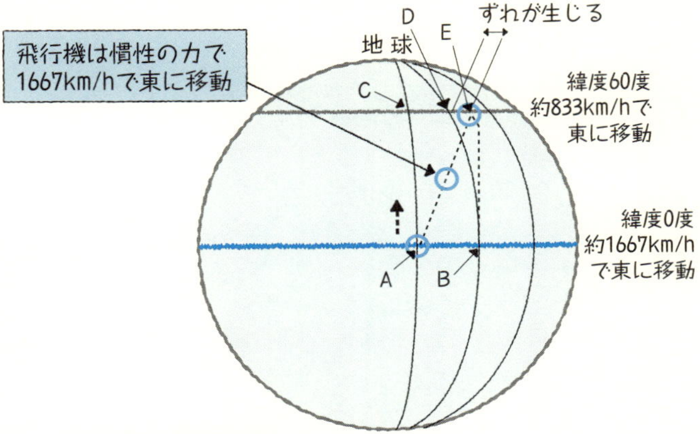

◆各緯度線上の自転速度

0度（赤道）	1667km/時	50度	1071km/時
10度	1641km/時	60度	833km/時
20度	1566km/時	70度	570km/時
30度	1443km/時	80度	289km/時
40度	1277km/時	90度（極）	0km/時

極から真南への運動

次に極（高緯度）から赤道への運動を考えてみましょう。

飛行機は真っ直ぐに真南に向かって飛ぶはずですが、地球表面の自転速度は自転軸の極では時速０km、赤道では時速1667kmと極から赤道に向かって、低緯度であるほど速い回転速度になります。そのため着陸地点は真南ではなく、西側の地点になります。発射地点から見ると、あたかも飛行機の進行方向に対して右側（南半球では左側）へ曲げる力が働いているように見えます。

地球の外から見れば真っ直ぐに飛んでいる飛行機ですが、地球表面にいる人には、北半球では右（南半球では左）側に曲げられる力が働いているように見えます。

コリオリの力（極から真南への運動）

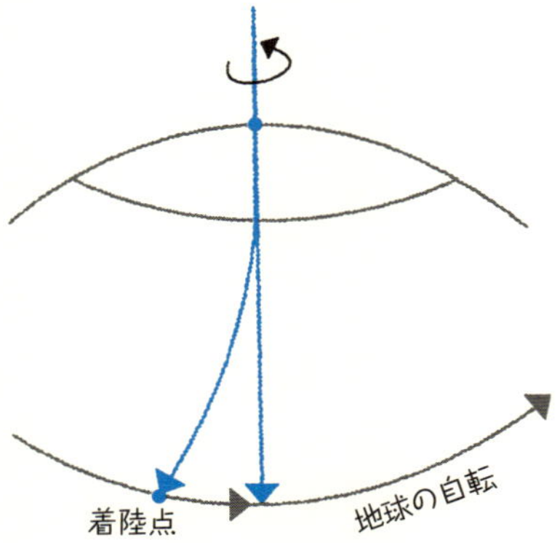

地球の風の動きを考える際に、この回転による力を考慮する必要があり、考え出されたのが「コリオリの力」です。仮に地球は静止していると考え、地球上で何か一つの力が作用して風の向きを変えたととらえれば、問題を扱う際に便利ということです。

コリオリの力による現象

「コリオリの力」はフランスの**コリオリ**（1792～1843）によって提唱されました。このコリオリの力で説明できる現象をいくつか挙げましょう。

北半球の貿易風（低緯度帯で極方向から赤道に向かって吹く）が東風で、偏西風（中緯度帯で赤道側から極に向かって吹く）が西風なのもコリオリの力によります。

台風（熱帯低気圧）が、北半球で反時計回りの渦を巻くのも、低気圧中心に向かって吹く風がコリオリの力によって右にずれた地点に入るためです。

フーコー（1819～1868）による振り子の実験も有名です。北半球では、振れている振り子が自然に右に回転していきます。この現象は地球の自転の物理的な証明として有名です。

また、トイレや浴槽で水を流した時にできる渦の向きがコリオリの力で説明されることがありますが、このような小規模の渦ではコリオリの力は無視できるので、関係はありません。北半球でも南半球でも、排水溝の形によって、右回りにも左回りにも水は流れます。

4. 地衡風

気圧傾度力

風を生み出す原因は、低気圧と高気圧の間の「気圧差」です。そして、この気圧差が大きいほど、また高気圧と低気圧が接近しているほど、風は強くなります。

この気圧の傾きの度合いを表す「**気圧傾度**」は、「気圧差」を「高気圧と低気圧の距離」で割って求めます。また、気圧傾度による風を動かす力を「**気圧傾度力**」といいます。

気圧傾度力と風の向き

コリオリの力との釣り合い

地球が球体でなくて、自転をしていなければ、空気は気圧の高い所から低い所へと真っ直ぐ移動します。また、風の吹く地面がざらざらしていれば「摩擦力」が働くので、風の速さは減少し、向きも変わります。

高度1kmより上空では、風は「気圧傾度力とコリオリの力が釣り合った状態」で吹いています。また、コリオリの力は空気の進行方向と直交しているので、風は等圧線に沿って吹くことになります。

「**摩擦力**」を考えない場合には、気圧傾度力とコリオリの力はバランスをとり、空気の移動は気圧傾度力に直角右向きになります。空気は気圧の高い所から低い所へと真っ直ぐではなく、低い所を左に見て等圧線に平行に移動することになり、この空気の流れを「**地衡風**《ちこうふう》」といいます。教科書では、よく下のような図を用いて地衡風が説明されます。

気圧傾度力とコリオリの力の釣り合い

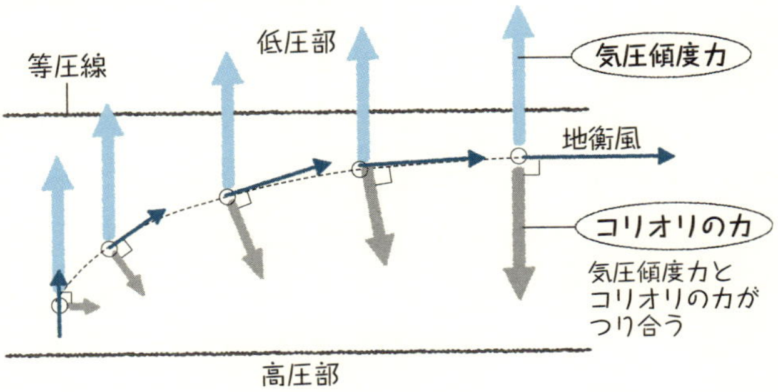

ただし、実際の空気塊の運動には、そのエネルギーの一部が大気中に伝わる波になって空気塊から逃げていく「**地衡風調節**」と呼ばれる力が働くなど、もう少し込み入ったメカニズムが含まれているようです。「地衡風」の定義は、「気圧傾度力」と「コリオリの力」のバランスした状態の風のことであり、この風の加速度に変化を起こす教科書の図のような説明はおかしい、という指摘もあります。

5. 局地風

海陸風

海岸地域では、晴れた日の昼には海から陸へ風が吹き、夜には陸から海へ風が吹きます。この風が「**海陸風**《かいりくふう》」です。

海陸風の発生する原因は、海と陸での放射による加熱・冷却の違いです。日中は、比熱の小さい陸地の方が日射の熱を同じ量吸収しても海面より温度が高くなります。そのため、陸地の気圧の下がり方が大きく、それを補うために海から陸へ空気が移動します。これが「**海風**《うみかぜ》」です。海風は、日の出から数時間後に陸面の温度が海面の温度より高くなると吹き始めます。夜間は、放射冷却により陸面温度は海面温度より低くなり、陸面の気圧が海面よりも高くなりますので、日没から数時間後に海に向かって風が吹くようになります。これが「**陸風**《りくかぜ》」です。上空では、地表面と逆向きの反流が生じ、空気を循環させています。

海風と陸風

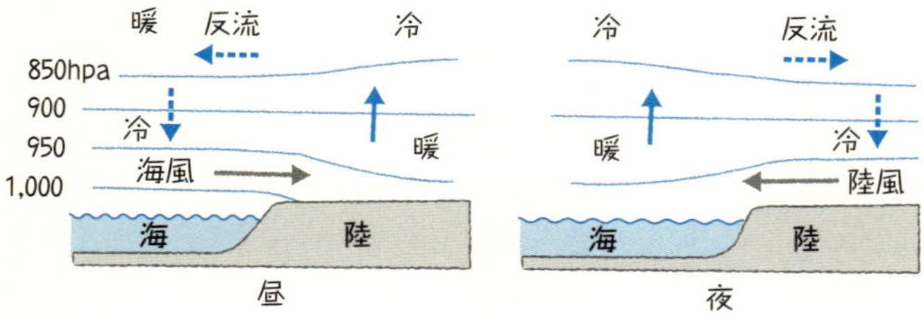

山谷風

「**山谷風《やまたにかぜ》**」も海陸風と同様の仕組みで起こる局地風です。日中、日射によって山の斜面が谷よりもよく暖められて気温が上がるため、谷から山へ向かって風が吹き上がります。これが「**谷風《たにかぜ》**」です。反対に、夜に山の斜面が放射冷却によって急激に温度が下がり、山から谷へ風が吹き下ろすのを「**山《やま》風《かぜ》**」といいます。

山風と谷風

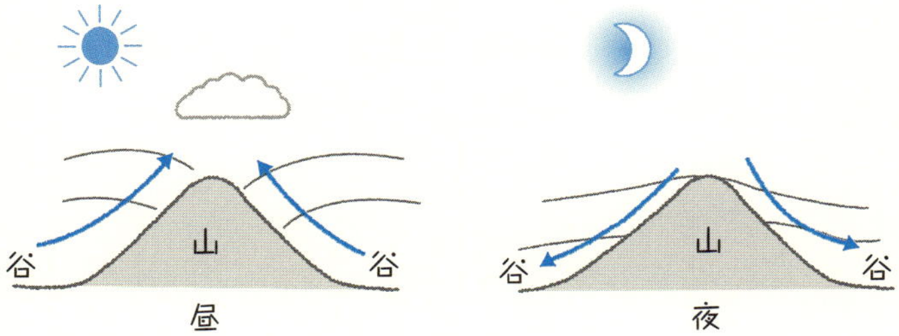

通常、大気は崩れにくい成層構造をしており、山に直面した気流のほとんどは山を越えず、山を迂回して流れます。その結果、山や岬の周辺では、等高線に沿った強風となります。

群馬県で吹く「**赤城《あかぎ》おろし（空っ風）**」は山頂から吹くのではなく、山脈の低い部分からあふれ出た重い冷気が平野へ吹き下りるものです。水平規模の小さな現象は寿命も短いのですが、地形性の強風は例外で、１日以上も続くのは地形の影響が大きいからです。

6. 海の波

様々な波

波には高さがいろいろありますが、その波が起きる原因も多様です。基本的には、風によって波が発生していることはよく知られていますが、1日に2回やってくる「満潮／干潮」も波の一つで、太陽や月の引力により発生する地球規模の大きな波といえます。風によって発生する「波浪」や遠くの台風から伝わってくる「うねり」、地震によって発生する「津波」もあります。主要な波について紹介します。

風浪（ふうろう）

一般的には風によって発生する風浪を波といっています。**風波**（ふうは、かざなみ）ともいいます。

風波の形は極めて不規則で、個々の峰はとがっています。風波の大きくなるための条件は「①風が強い、②風が吹く時間が長い、③風が吹く距離が長い」の３つです。

風が吹き続けると、風からエネルギーをもらって、次第に高い波になります。また、強風が吹くと波は高くなりますが、風の吹く時間が短いと波はあまり発達しません。外洋をわたってくる波のように距離が長くなると、同じ強さの風でも波は高くなります。

風浪は風によってできる波ですから、地形の影響で風が弱い場所では低くなります。岬や島の風下側、風が沿岸から沖に向かって吹く沿岸では高い波を避けられます。

ウネリ

夏の土用の頃（７月後半〜８月上旬）によく現われますので、「**土用波**」といわれます。遠く離れた海上の台風や、発達した低気圧から伝わってくる波です。

台風や発達した低気圧の周辺では、強い風の影響で非常に高い風波が発生しています。この波が、強い風が吹いている所から抜け出しますと、小さな波が一つにまとまり、波長の長い大きな波になります。速さは時速50km程度ですが、時には時速100kmにもなります。遠くから伝わってくるため、晴れて穏やかでも波だけが高いことがあります。

天文潮（潮汐）

天体の影響で起こる海水面の高さの変化です。太陽と月の引力が海水を引っ張り上げるために発生します。

太陽と月が一直線に並んだとき（新月・満月）では、潮の干満の差が大きい「**大潮**」となります。月と太陽が直角の位置にあるとき（上弦の月・下弦の月）では、逆に干満の差が小さい「**小潮**」です。

大潮の満潮時に気圧の低い台風がやって来て、強風が湾の奥に向かって吹くと「**吹き寄せ効果**」により大きな「高潮」が発生します。また、河川の水位が上昇している河口付近が高潮になると、水は海に流れず、水位が上昇して洪水となることがあります。

津波

地震が海底で起きた場合、断層運動によって海底面が隆起・沈降して、海水面も上下運動を起こし、津波が発生します。

津波はマグニチュードが6.5 〜 7.0以上になると発生し、速さは海岸近くで秒速10m、高さは20 〜 30 mにもなることがあります。

2011年３月の東日本の大地震では、なだらかな遠浅の浜にも10 mを超える大津波が押し寄せ、多くの尊い人命が失われ、原子力発電所に大きな事故が発生しました。ここなら大丈夫という場所はありません。海岸で強い地震を感じたら、すぐに避難する必要があります。

波の高さ(有義波高)

波の山から谷の部分までが「**波高**」で、波の山から山までの距離は「**波長**」です。波高は「**有義波**」という波を対象として計測します。

押し寄せる100の波から高い順番に33の波を選んで平均します。約20分間程度のデータを波高の高い順にならべた３分の１の個数の波の平均値が**有義波高**です。

比較的高い波を予報していますが、有義波高よりも高い波が実際にやってくることがあります。統計では、同じ状態が続く時、100波に１波は有義波高の1.5倍、1000波に１波は２倍の高さの波が押し寄せます。「波高が２ｍ」と予想された時は、100波に１波は３ｍ、1000波に１波は４ｍの波が来るといえます。

自転と貿易風の関係の解明

ハドレー

◆(1685 ～ 1768)◆イギリス◆

ハドレーは、「一般貿易風の原因について」と題する論文の中で、貿易風は地球の自転の影響を考えないと説明できないということを発表しました。1735年当時は、まだコリオリの力のことは分かっていませんでしたが、ハドレーは以下の説を唱えたのです。

「地球の自転のために西から東に向かう線速度は、赤道でもっとも速く、高緯度に行けば行くほど遅くなり、極ではゼロとなる。したがって、高緯度地方の線速度の遅い空気が、赤道の方へ進んでくると取り残されることになるので、北半球で吹く北風は必ず北東の風になる。このようにして貿易風は北東から吹く。また同様に、南半球では貿易風は南東の風となる」

ハドレーの論は、南北に動く空気塊へ働くコリオリの力の、東西成分の説明とまったく同じです。

大気の大循環に関するハドレーの考え方は力学的に不完全なところがあり、現在から見れば不十分な内容です。実際には赤道で上昇した暖かい気流は、極まで運ばれるわけではなく、緯度20 ～ 30°を西から東へ流れる強い偏西風によって北上をはばまれて、下降気流となります。しかし、大気の流れの方向に、地球の自転が大きく影響していることを発見したことは、気象学の歴史に残る大きな功績で、「ハドレー循環」にその名が残っています。

ハドレーは実は気象学の専門家ではなく、法律家でした。1685年にロンドンで生まれ、1700年にオックスフォードのペンブローク大学に入学、翌年に法曹界に入り、1709年に弁護士になりました。ローヤル・ソサイティで貿易風論を講演したのは1735年のことで、それ以後、気象界でも有名人になりました。

4章……雲の種類とでき方

1. 地球の水循環

雨粒のたどる旅

地球上の「水の循環」の様子を、一つの雨粒の立場から見てみましょう。

…小さな「雨粒」が空から降ってきます。多くの仲間と一緒に山の斜面に落ち、仲間は地中に染み込みましたが、雨粒は彼らと別れて斜面を下り、小川に流れ込みました。小川は次第に大きな川となって山を下り、平野を緩やかに流れます。雨粒はこの川に運ばれ海にたどり着きました。

ある日、雨粒は海面から蒸発して「水蒸気」となり、空気と一緒に上空へ昇ります。風に吹かれて陸地の方へ流され、さらに上空に昇ると、水蒸気は冷やされて再び小さな水滴に戻り、目に見える「雲粒《くもつぶ》」になりました。周りには同じ仲間の粒が数え切れないほどたくさんできて、一つの雲となって空に浮かびました。雲粒のいくつかが大きくなって落ち始め、周りに浮かぶ小さな雲粒と結びついてさらに成長し、「雨粒」となって再び地上に降り落ちました…。

降水と蒸発のバランス

現在、地球表面の海水を含む水の総量は、約14億km^3と見積もられています。そのうち、約97％が海水で、残りの約３％は陸地に存在する**陸水《りくすい》**（氷河2.3％、地下水0.61％、湖沼水0.017％、河川水0.002％）です。このような地球の水は、降水・蒸発という形で、地球表面と大気の間を行き来していますが、これを「**水の循環**」といいます。

下の図は、海洋と陸地での年間降水量と年間蒸発量の理論上の値を表したものです。これを見ると、海洋全体では蒸発量が降水量よりも毎年35000km^3多く、陸上全体では逆に、降水量が蒸発量より35000km^3多くなっています。この差が等しいということは、陸地での降水量（海洋での蒸発量）のプラス分が、海洋での降水量（陸地での蒸発量）のマイナス分を補うことで、地球全体の降水と蒸発が釣り合っていることを意味しています。

地球表面の水の分布と水の循環

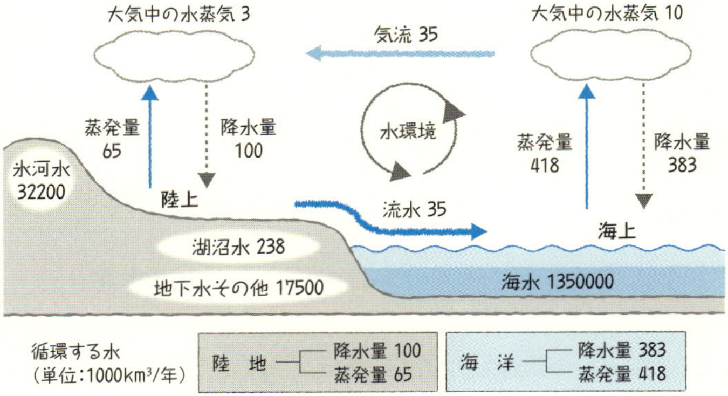

2. 空気の中の水蒸気

空気が含む水蒸気の量

雨粒のたどる旅を見ると、雲がつくられるためには「水蒸気が冷やされて水滴になる」必要があるようでした。どのような条件で水滴に変化するのか、大気中での水蒸気の振る舞いについて考えてみましょう。

ある体積あたりに空気が含むことができる水蒸気の量は、温度によって決まっており、その限界までくると水蒸気量は増えません。この限界に達した状態を「**飽和**《ほうわ》」といい、このとき空気中に含まれる水蒸気の量は「**飽和水蒸気量（飽和水蒸気圧）**」と呼ばれています。

日常的に「**湿度**」という言葉がよく使われますが、これは通常「**相対湿度**」を意味しています。相対湿度とは「そのときの温度の飽和水蒸気量に対する、含まれている水蒸気量の割合（％）」です。つまり、水蒸気の量が飽和水蒸気量に達すると、湿度が100％ということになります。湿度が100％になると、水は蒸発できなくなり、例えば洗濯物は全く乾かなくなります。

相対湿度に対し、絶対的な量を表すのが「**混合比**」です。ある湿った空気について、「１kgの乾燥した空気に水蒸気が何g混合しているか」を示す値で、単位は「g／kg」です。短時間に空気が移動し、気圧・気温が変わっても、水蒸気の凝結や雲粒の蒸発がない限り、混合比は一定です。

水滴のできる仕組み

飽和水蒸気量は、空気が暖かくなれば増え、冷たくなれば減ります。水蒸気を含んだ空気が、上昇することによって上空で冷やされると、その温度での飽和水蒸気量が減るので水蒸気を抱え込めなくなり（つまり飽和し）、露《つゆ》が発生するという仕組みです。大気中に含み切れない水蒸気が水滴になることを「**凝結**《ぎょうけつ》」といい、このときの温度を「**露点温度**《ろてん》」といいます。

飽和水蒸気量

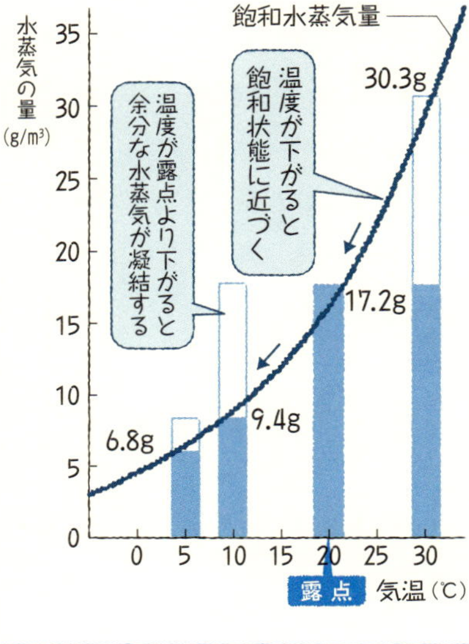

気温（℃）	飽和水蒸気量（g/m³）
50	82.8
40	50.1
35	39.6
30	30.3
25	23.0
20	17.2
15	12.8
10	9.39
5	6.79
0	4.85
-5	3.24
-10	2.14
-20	0.882
-30	0.338

温度が露点より下がると余分な水蒸気が凝結する

温度が下がると飽和状態に近づく

3. 雲のでき方

雲をつくる「雲粒」

雲は、直径0.003～0.01mm程度の「**雲粒**」というものが、たくさん集まって上空に浮かんでいるものです。雲粒は水滴と**氷晶**《ひょうしょう》（小さな氷の粒）からできています。

水滴や氷からできているとすると、雨のように地上に落下してきそうな気もします。しかし雲の下には常に上昇気流が吹いているため落ちることはありません。

また、雲粒と雨粒の大きさは、実は全く違います。雲粒の直径が大きくて0.01mm程度なのに対して、雨粒の直径は、0.1～5mmにもなります。水滴の落下速度はおおよそ直径の2乗に比例するので、小さな雲粒はもともと落ちるのが遅いのです。体積の比を見ると100万～200万倍の違いにもなります。雲粒が雨粒に成長するには、凝結以外の過程が必要となります（→P88）。

雲粒と雨粒

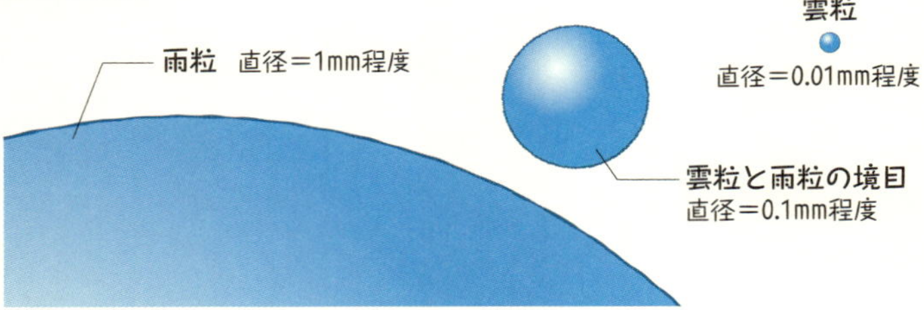

空気塊の上昇

雲粒ができるためには、周囲の大気に対して、それとは領域の異なる、水蒸気を含んだ空《くう》気《き》塊《かい》が上昇する必要があります。上昇気流の起こり方は、温暖前線や寒冷前線の通過や地形の影響など様々です。

○地形の影響

山へ向かって進む空気は斜面に沿って上昇します。

○暖気と寒気の衝突

暖かい空気は持ち上げられて上昇気流が発生します。

○上空の寒気の流入

上空に著しく冷たい空気が運ばれると、地面付近との間に大きな温度差が生じ、上昇気流が発生します。

○地表温度の上昇

地面が強い日射しで暖められると、地表の空気も暖められ膨張して密度が減り、上昇気流が起きます。

○低気圧の発生

地上で低気圧などの台風が発生している所では、その中心に向かって空気が吹き込み、上昇気流が発生します。

水滴の凝結

水蒸気を含む空気塊が上昇すると、周囲の大気の気圧がどんどん低下するため、空気塊は膨張します。このように、外から熱が加わることなく体積だけが膨張すると、空気塊の温度は低下します。これは「**断熱膨張冷却**《だんねつぼうちょうれいきゃく》」という現象です。

断熱膨張冷却にともなって、その温度に応じた飽和水蒸気圧も小さくなり、相対湿度が高まります。やがて露点温度に達して、その空気塊は飽和します。

飽和するとすぐに凝結が起こるかというと、そうでもなく、「**凝結核**」という微粒子が必要になります。大気中に浮遊するエーロゾルが核として働き、その周囲に水滴ができるのです。エーロゾルがない場合はなかなか凝結できず、 空気塊は「**過飽和水蒸気**」という不安定な状態になります。

エーロゾルは半径0.08～0.1μm《マイクロメートル》（1μmは1000分の1mm）ほどで、海から飛ばされた塩つぶや、土壌から飛来した黄砂などのちり、人間の活動で空気中に排出された物質な

エーロゾル

雲粒のでき方

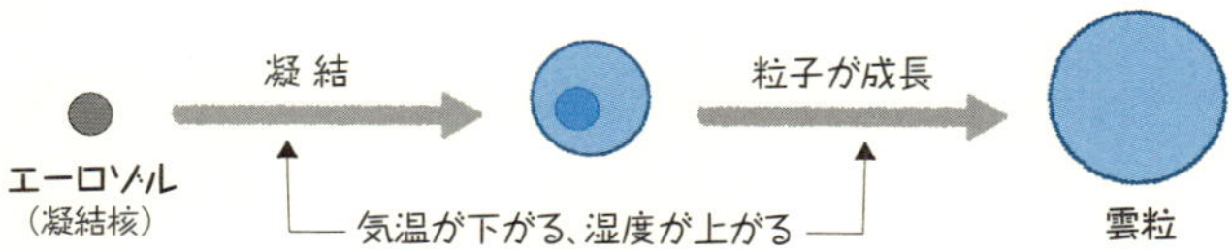

どです。

できたての水滴は半径0.001 ～ 0.02mmくらいの大きさです。この空気塊がさらに上昇を続けると、空気は常に過飽和状態となり、水滴はさらに大きく成長します。

水滴から氷晶へ

氷晶は水滴と同じく、雲をつくっている雲粒の一つで、大気中に生まれる小さな氷の結晶です。雲には「水滴だけからできている雲」と「水滴と氷晶からできている雲」、「氷晶だけからできている雲」の３タイプがあります。

大気中の水滴は、地表付近では通常０℃で氷になりますが、雲の中では０℃以下でも水滴のまま存在します。「**過冷却**」という状態です。不純物を含まない空気中においては、雲粒は－33 ～－40℃にならないと氷晶になりませんが、核（**氷晶核**）になるエーロゾルが存在すると、それにぶつかるなどの刺激で、過冷却水が瞬間的に氷晶になります。氷晶は周囲の水蒸気も昇《しょう》華《か》（液体→固体の変化）させ成長します。

また、雲の中が－40℃以下まで下がると、それ以下の低温では過冷却水は存在できないため水滴はなくなり、雲粒はすべて氷晶になります。氷晶だけの雲ができるのは、高度の高い上層雲です。積乱雲のような下層から発生する雲の場合は、エーロゾルが多く浮遊しているので氷晶核として働き、－40℃以下になる前に氷晶が生成されます。

4. 雲の名前

雲を分類する

青い空の白い雲を見上げて、雲の名前や種類を知りたいと思う人は多いと思います。

国連の専門機関・世界気象機関（WMO）では、地球の雲を10種類の雲形に分類しています。日本名はやや難しい漢字で覚えづらいため、仕事として観測する人たちは英語名の略称で覚えています。例えば、上層雲の巻雲は「シーアイ」というように呼んでいます。

雲の最も基本的な特徴はその形で、横にたなびいている「**層状の雲**」と、縦にむくむくと盛り上がっている「**積状（対流性）の雲**」の２つに大きく分類できます。また、層状の雲は分布する高度から「**上層雲**」「**中層雲**」「**下層雲**」に分かれます。

上層雲

対流圏の上層（高度５～13km）、最も高い位置に発生する雲です。主に氷晶からできています。巻雲の「巻」という字が、常用漢字の表外音訓となっているという指摘から、一時「絹雲」と表記していましたが1988年から再び巻雲に戻りました。雲の形から「巻雲」と「巻積雲」と「巻層雲」の３種類に分類されています。

○巻雲《けんうん》（Cirrus／シーラス）

最も高い所に出現する雲です。白くごく細い繊維状、細い帯状の雲で、鳥の羽根にも似て絹のような光沢があります。かぎ状、あるいは地平線の一点から広がるように見えることがあります。**暈**《かさ》（薄い雲がかかったときに太陽の周りにできる光の輪）が現われることがあります。略称は「Ci（シーアイ）」。

○巻積雲《けんせきうん》（Cirrocumulus／シーロキュムラス）

薄く小さな豆粒のような丸い塊が、さざなみ状やうろこ状に並んでいて、陰影がありません。過冷却の水滴か氷晶でできています。太陽や月にかかったときに青白い光の円が見える「**光冠**《こうかん》」や、緑や赤に彩られる「**彩雲**《さいうん》」がときに見られます。略称「Cc（シーシー）」。

○巻層雲《けんそううん》（Cirrostratus／シーロストレィタス）

一様で薄く、透き通ったベール状の白っぽい上層の雲です。太陽や月を覆うと、暈が現れます。巻層雲を通して地上に届く太陽光によって雲の影ができます。略称「Cs（シーエス）」。

中層雲

高さ2km以上で、上層雲よりは低い範囲に生じる雲です。縦にむくむくと盛り上がる積状の「高積雲」と、たなびく層状の「高層雲」と「乱層雲」があり、高層雲と乱層雲の区別は難しく、降水をともなう場合は乱層雲としています。

○高積雲（Altocumulus／アルトキュムラス）

白か灰色の片、丸い塊などからなる雲です。陰影ができることもありますが、雲が天空を厚く覆うことはありません。太陽や月により、彩雲、光冠が見られることがあります。うろこ雲ともわれます。略称「Ac（エーシー）」。

○高層雲（Altostratus／アルトストレィタス）

灰色または青みがかった薄黒色で、繊維状または一様な層状をしており、空の一部か全部を覆います。雲の厚さは数百〜数千m。厚い時は太陽や月を隠し、雨や雪をともないます。雲の上部はほとんど氷晶で、中部は氷晶と過冷却の水滴が混在し、下部は過冷却水滴が存在します。略称「As（エーエス）」。

○乱層雲（Nimbostratus／ニンボストレイタス）

暗灰色で厚く、雨や雪などの降水をともなう層状の雲です。太陽や月を完全に覆い隠すほど厚く、水滴・氷晶・雪からできています。高層雲が上下層にさらに厚くなり、乱層雲となることもあります。低気圧の中心付近などで見られます。雲の底部は時に房《ふさ》状で、降水時には雲底がぼやけます。略称「Ns（エヌエス）」。

下層雲

高度２km以下のもっとも低いところに発生する雲。通常、雲底は下層の地面付近に見られますが、対流状の雲の雲頂は中層・上層まで達しています。

○層積雲（Stratocumulus／ストレイトキュムラス）

灰色か灰白色で、薄い板状の雲です。規則正しく配列した雲の塊で、レンズ状になります。通常、影があります。略称「Sc（エスシー）」。

○層雲（Stratus／ストレイタス）

地上から高さ600ｍ位までに発生します。雲底高度がほぼ一様な灰色の雲で、地表に接すると霧となります。水滴でで

きていますが、まれに氷晶の場合もあります。霧雨が降ることがあります。略称「St（エスティー）」。

○積雲（Cumulus／キュムラス）

濃密で輪郭がはっきりし、こぶのように盛り上がり、鉛直上方に発達します。上部は白く輝き、雲底は暗くなります。発達の程度で、「平らな積雲」「並み程度の積雲」「雄大な積雲」の３つに分けられます。略称は「Cu（シーユー）」。

○積乱雲（Cumulonimbus／キュムロニンバス）

上方に大きく発達し、巨大な塔のような濃密な雲です。雲頂がほつれて巻雲のように見えたり、「かなとこ」状の巻雲をともなったりします。雲頂は10km以上に達します。しゅう雨（にわか雨）やしゅう雪を降らし、突風・落雷・雹《ひょう》などの激しい気象現象をもたらします。略称「Cb（シービー）」。

10種雲形

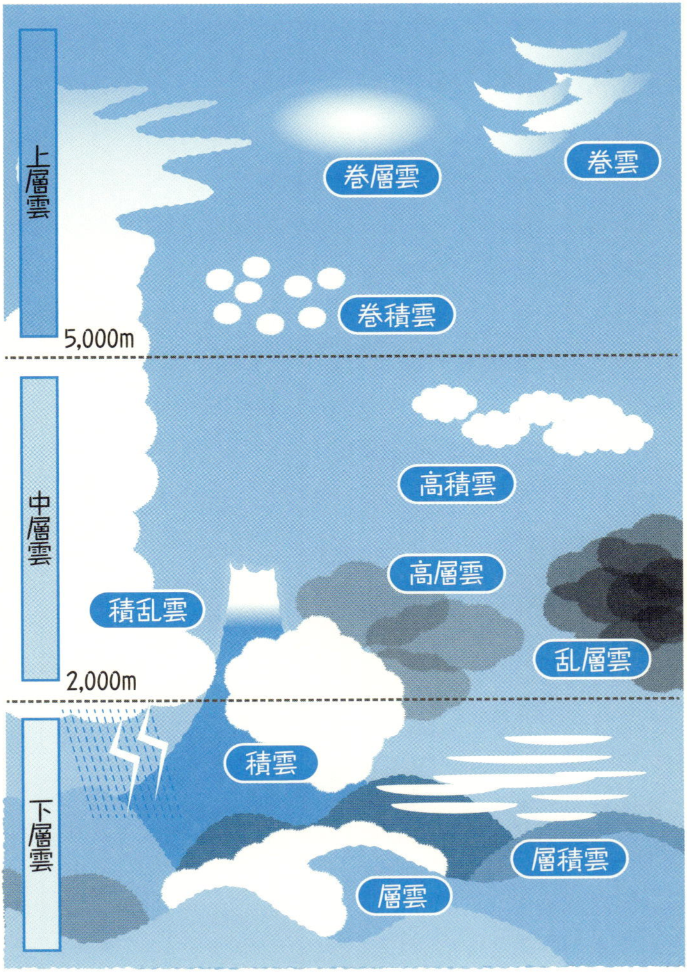
上層雲
巻層雲
巻雲
巻積雲
5,000m
中層雲
高積雲
高層雲
積乱雲
乱層雲
2,000m
下層雲
積雲
層積雲
層雲

5. 気温減率

3つの気温減率

空気は上昇するにしたがって気温が低下しますが、その下がり方の割合を「**気温減率**」といいます。乾いた空気と湿った空気では気温減率が異なり、また対流圏全体の大気の平均気温減率も、その2つとは違います。

気温減率が様々な値をとるということは、実は天気を考える上でとても大切です。昇っていく空気塊が雲をつくるのか、どの程度の高さまで上昇するのか、積乱雲のようにしゅう雨や暴風をもたらす雲にまで発達するのかどうかなどを判断するのに、気温減率は使われています。

例えば、空気が上昇しやすいかどうかを予想するために**ラジオゾンデ**（→P121）という気球など使って大気中の気温減率が測定されます。また、気温減率を分析するための**エマグラム**（→P143）

3つの気温減率

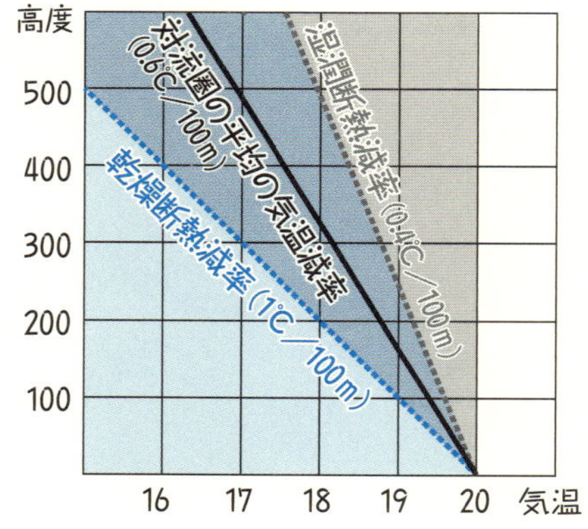

という断熱図もあります。

乾燥断熱減率

乾燥している（飽和していない）空気の温度の下がり方を「**乾燥断熱減率**」といいます。地表近くの水蒸気を含む空気塊を何らかの方法で上空に持ち上げると、始めのうちは未飽和で、「**100mにつき約1℃**」の割合で下がります。

周囲の大気の気温減率は、通常「**100mにつき約0.6℃**」です。つまり、乾燥断熱減率は周囲の鉛直気温減率よりも大きいのです。持ち上げられる空気塊の温度は、同じ高度では周囲の気温よりも低くなります。空気塊の方が周囲の空気より重いので、そのまま離すと落下してしまいます。

温度が下がると、空気塊の湿度は徐々に上がり、やがて飽和して水蒸気が雲粒になり始めます。このときの高度を「**持ち上げ凝結高度**」といいます。

湿潤断熱減率

湿った（飽和している）空気の気温の下がり方が「**湿潤断熱減率**」です。雲粒ができ始めた空気塊は、「**100mにつき約0.4℃**」の割合で気温が下がります。乾いた空気より、湿った空気の方が気温が下がりにくいのは、凝結のときに熱エネルギー（**凝結熱**）を外に放出するからです。

周囲の大気の気温減率は湿潤断熱減率より大きいので、空気塊は高度を上げれば周囲の温度に近づいていきます。

自由対流高度・雲頂高度

湿った空気が上昇し、周囲の温度と等しくなった中立平衡状態のときの高度を「**自由対流高度**」といいます。この高度を超えると、空気塊（雲）の温度は周囲よりも高くなり、浮力で自由に上昇を続けます。空気塊の温度は湿潤断熱減率によって下がり続けます。

さらに上昇すると、湿潤断熱減率は次第に周囲の温度に近づき始めます。含まれる水蒸気が減って、気温減率が乾燥断熱減率に近づくためです。そして再び周囲と同じ温度となります。この高度を「**平衡《へいこう》高度**」といい、積乱雲の雲頂高度とほぼ同じです。成層圏には雲は達しないため、積乱雲の雲頂が「かなとこ」状に変形することもあります。

積雲対流の状態曲線

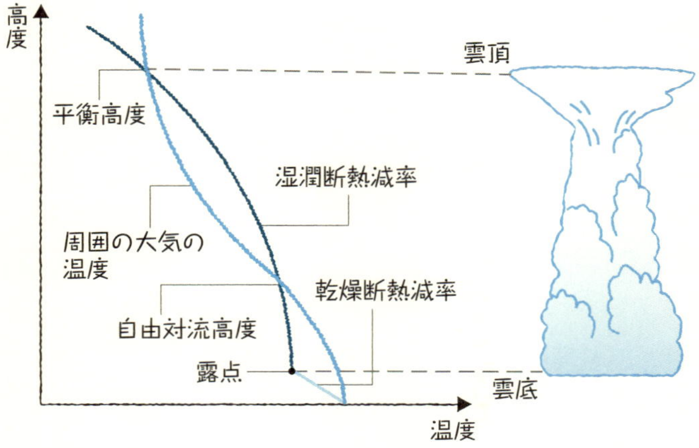

6. 大気の安定度

何が安定・不安定なのか？

天気予報で、「大気の状態が不安定」という言い回しを耳にしたことがあると思います。この「安定・不安定」というのが、どのような状態を示しているのか分かりますか？

単純に「雨が降ったり晴れたり、コロコロ変わりやすい」という意味ではないのです。

具体的に言うと、「小さな空気塊を上のほうに少し動かしたとき、その空気塊が周囲の大気よりも高温になって、そのまま上昇し続ける状態」ならば「**大気の状態が静的に不安定**」、逆に「空気塊が周囲の大気より低温になって、元の位置へ戻ろうと下降する状態」であれば「**大気の状態が静的に安定**」なのです。

上昇気流が生まれれば、雲ができることになります。つまり、少しの外力が加わっただけで、すぐに上昇気流が発生して雲ができてしまうような、対流の起こりやすい大気の状態を「不安定」といっています。

大気の安定度を決めるのは、前に登場した「気温減率」です。大気の気温減率が、断熱減率（乾燥断熱減率と湿潤断熱減率）とどのような関係にあるかによって、安定度は決まります。

大気の安定と不安定

空気塊が上昇すると、飽和していない空気は乾燥断熱減率（1℃／100m）で、飽和している空気は湿潤断熱減率（0.4℃／100m）で気温が下がっていくということでした。

周囲の大気の気温減率が、①「2.5℃／100m」の場合と、②「0.2℃／100m」の場合との２つを考えてみましょう。ある高度での気温を20℃とし、この空気塊を100m上下に動かします。空気塊と外気の温度は下の図のようになります。

大気の安定・不安定

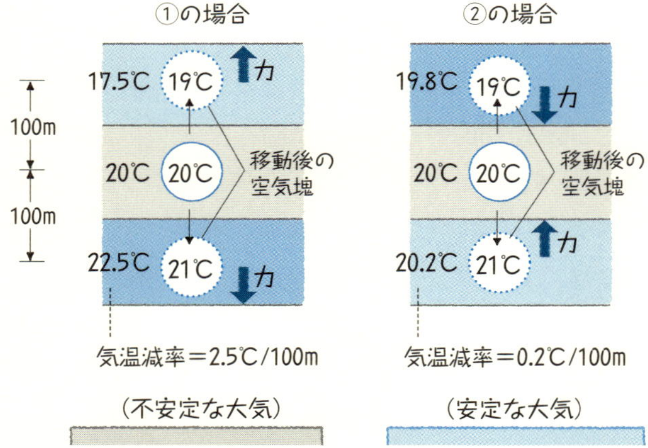

①の場合では、上に動かした空気塊は外気よりも高温になって上昇を続け、下に動かした空気塊は下降し続けます。②の場合では、上に動かした空気塊は外気より低温になるので下降し、下に動かした空気塊は上昇して元に位置に戻ろう

とします。対流の起こりやすい①の状態を「不安定な大気」、②の状態を「安定した大気」と表現するのです。

大気安定度の分類

◯絶対不安定

大気の温度減率が乾燥断熱減率（1℃／100m）よりも大きい場合、常に空気塊の気温が周囲より高く、上昇し続けるため「**絶対不安定**」といいます。

◯条件付不安定

また、大気の温度減率が乾燥断熱減率（1℃／100m）よりも小さく、湿潤断熱減率（0.4℃／100m）より大きい場合は「**条件付不安定**」といいます。空気塊が未飽和の条件であれば「安定」、飽和している条件では「不安定」です。

◯絶対安定

大気の気温減率が、湿潤断熱減率（0.4℃／100m）よりもさらに小さい場合、空気塊は全く上昇できず下降します。この状態が「**絶対安定**」です。

大気の安定度の分類

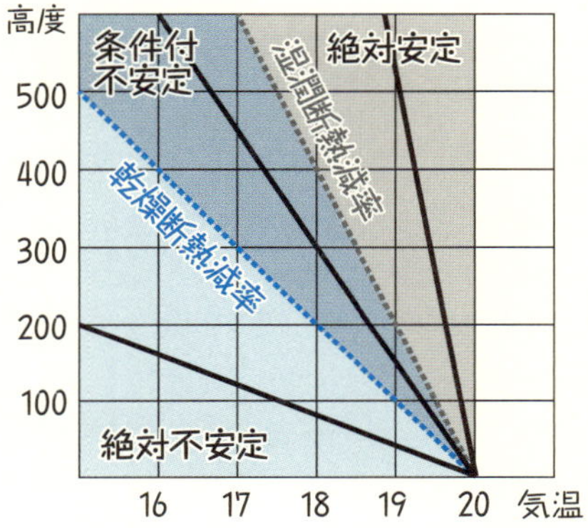

日本初の太陽コロナ撮影

荒井《あらい》 郁之助《いくのすけ》

◆(1836～1909)◆初代中央気象台長◆

1890年、中央気象台の創設とともに初代中央気象台長に就任したのが荒井郁之助でした。荒井は、内務省地理局(国土地理院の前身)の測量課長として全国的三角測量を創始するなど、測量事業の基礎をつくり、日本の経度測定と標準時制定に携わりました。気象台長に就任する前には、新潟県三条市の永明寺山で皆既日食を観測し、日本で初めて太陽コロナの写真撮影を成功させました。

荒井は、1836(天保7)年、幕府の御家人の長男として東京湯島に生まれました。20歳で幕府に出仕し、蘭学を修めたのち、軍艦操錬所に入り、ここで航海術や測量術、数学を学びます。微積分を研究したことや、江戸湾の測量などが伝えられています。

1868年に軍艦頭を命じられ、海軍副総裁・榎本武揚《たけあき》らとともに、幕府側として戊辰《ぼしん》戦争に身を投じます。箱館政権下では海軍奉行となり、箱館湾海戦などで闘いましたが、降伏。牢につながれながらも死刑を免れ、北海道の開拓使の役人として新政府に出仕しました。その後、農学校・女学校校長なども務めています。

海軍職に就いていたにもかかわらず、荒井は水泳が不得手で、さらに下戸でした。甘い物が大好物な大食漢で、性格は温和、またひどく謙遜家だったといわれています。

気象台長時代には、部下の報告書を見て、決して訂正することなく「至極結構」と言って許可したので、部下たちからはそのまま「至極結構」というあだ名で呼ばれていた逸話が残っています。明治時代の戸籍には身分が載っていましたが、「士族」などにせず「平民」としました。「牢獄から出て来たときに剣を捨て生まれ変わったのだから、平民となるのである」という言葉も残っています。

5章……雨と雪の降り方

1. 雨と雲

雨を降らす雲

「雲の名前（→P72）」で見たように雲は国際的に10種類に分類されており、それぞれに姿や性質が異なるということでした。強い雨をともなうのは、主に積乱雲と乱層雲で、層雲からも雨が降ることがありますが、それ以外の雲はあまり雨を降らせません。

対流性の雲（積乱雲）と雨

夏に、もくもくと立ち昇った積乱雲から夕立に降られた経験を持っている人も多いでしょう。積乱雲は**雷雲《かみなりぐも》**や**入道雲《にゅうどうぐも》**とも呼ばれ、雷を起こして夕立を大量に降らせます。暑い日射しによって水蒸気を大量に含む高温の空気が上昇し、対流性の雲が「積雲→雄大積雲→積乱雲」と発達するのです。

積雲をつくるのは、夏の強い日射しだけではありません。寒冷前線の接近で暖かい空気が押し上げられたり、上空に寒気が流入して下層の暖気が不安定になったりした時、発達した低気圧の中心付近での激しい上昇気流によって積雲は発生します。

層状の雲（乱層雲）と雨

層状の雲は、安定な成層をした大気が、広い範囲にわたって上昇する場合に発生します。中緯度地域で最も典型的なのは、温帯低気圧にともなう温暖前線の前線面を空気が上昇する場合です。温暖前線の接近によって、上層雲から中層雲、そして下層雲の順で変化します。天気も緩やかに変化し、中層雲の中では、雲の厚さが２～３kmの「高層雲」が空全体を覆い、雲底が次第に地表に近付くと、しとしとした連続的な雨が降ります。雨が降った場合の高層雲を、**雨雲**（**乱層雲**）といいます。

天気雨

雲がないのに雨が降る「**天気雨**」はなぜ起こるのでしょうか？　これは雨粒が地上に到達する前に雲が消滅してしまうからです。対流雲は数分程度の時間で姿を消すことがあります。また、離れた山で降った雨が風に運ばれて天気雨になることもあります。天気雨の時は、日光が雨に当たった様子を見やすいため、虹（→P112）を観察できるチャンスです。

2. 暖かい雨と冷たい雨

2種類の雨

雨はそのでき方によって、大きく2種類に分けられます。水蒸気として空中に昇ったあと、水滴（液体）の状態だけを経て降ってくるのが「**暖かい雨**」。水滴から氷晶（固体）を経て、溶けて降ってくるのが「**冷たい雨**」です。2種類の雨の生成の過程を見てみましょう。

暖かい雨の降り方

温度が0℃を下回らず、水滴だけでできている雲の中に、大きさの違う水滴がたくさん含まれていると、それぞれの水滴の落下速度の違いから衝突が起こります。衝突した水滴は合体し、より大きな水滴へと成長していきます（**併合過程**）。雲の中の上昇気流が支えきれないほど大きく成長した水滴は雨粒となり、重力で地上に落下します。

「暖かい雨」は、凝結から降水まで一度も氷の結晶を生じない雨で、赤道付近の熱帯地方や夏の温帯地方に降ります。暖かい雨を降らせる雲は、雲頂の温度が0℃以上で、雲頂高度もそれほど高くないのが特徴です。

冷たい雨の降り方

上空の高いところにある雲の中で、気温が0℃を大きく下回って過冷却状態になると、エーロゾルの核から氷晶が成長します。飽和水蒸気圧は、氷面に対する場合は水面に対する場合よりも小さいので、水滴と氷晶が共存するときは、氷晶の方が速く成長します。水滴から蒸発した水蒸気が氷晶の表面に**昇華**《しょうか》(気体から固体への変化)し、氷晶を成長させます(**昇華過程**)。成長したら氷晶が、温度の高い空気中を落下している間に溶け、地上に降ってきた雨を「**冷たい雨**」といいます。

また、氷晶が溶けずにそのまま地上まで到達した冷たい雨が雪・雹・霰《あられ》です。日本は中緯度地域に位置するので、降雨の80％はこの冷たい雨といわれています。

暖かい雨と冷たい雨

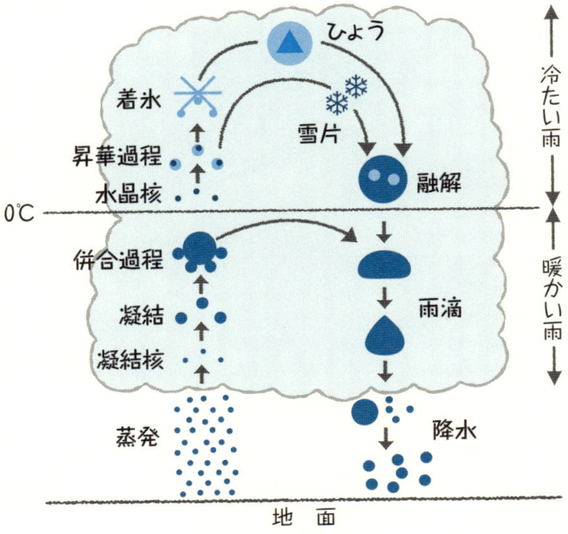

3. 雪の降り方

雨になるか雪になるか

雲からの降水が雪になるのか雨になるのかは、雲の下の気温分布と湿度に影響されます。気温が低いほど雪になる可能性は高く、気温が同じであれば、湿度が低いほど雪になりやすくなります。気温が４℃の場合を例にすると、湿度が約70％以下では雪、それ以上湿っている場合には雨と予想されます。また、氷晶の一部が溶けて、雪と雨が混ざった状態のものを「霙《みぞれ》」といいます。

雨と雪の境界

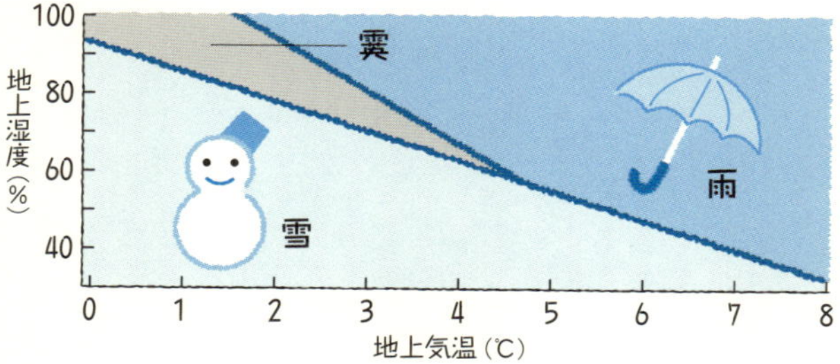

雪の結晶

例えば北海道のように、冬に気温が－10℃以下の日が続くと、樹枝状の六角形をした美しい雪の結晶を直接肉眼で見ることができます。寒い地域で降る雪は、結晶のまま降ってくることが多いのです。

北海道と比較して東京では気温が高いので、落下中に結晶が溶けかかり、百〜数千個の結晶が絡み合った「**ボタン雪**」の状態となって降ることが多くなります。そのため結晶としての形が見られるのは、東京では気温の特に低い日に限られます。

氷晶がお互いにくっつくことなく、水蒸気の昇華によって成長した氷晶は、美しい雪の結晶に成長します。結晶は千差万別でいろいろな形がありますが、基本的には結晶が成長しているときの「気温」と「水蒸気量」の違いによって、細長く柱状に伸びたものと、六方対称形の薄い板状に広がったものに分類されます。

雪結晶の形と温度・湿度の関係

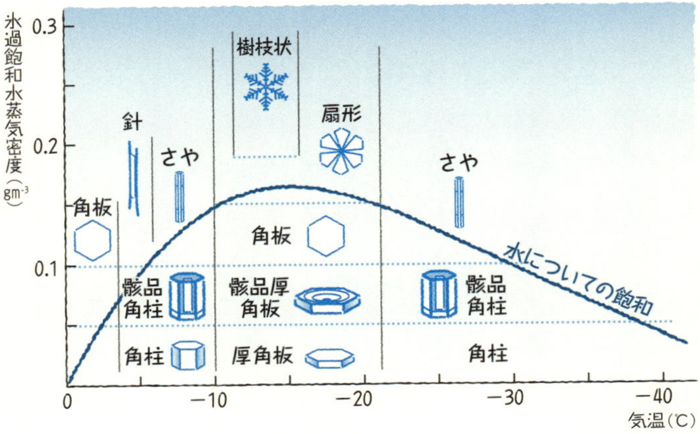

4. 梅雨

梅雨をつくる４つの気団

５月～７月、日本では、北海道を除くほとんどの地方で雨と曇りが長期間続く「**梅雨**」となります。降雨現象として非常に顕著で、東アジアの広域にわたる気象ですが、この梅雨が日本に訪れる仕組みを見ていきましょう。

梅雨の形成に関わるのは、主に４つの気団です。

○揚《よう》子《す》江《こう》気団（移動性高気圧）

中国北部。冬季にシベリアで発達した「シベリア気団」が春に変質したもの。暖かく乾燥した気団。

○熱帯モンスーン気団

インドシナ半島や南シナ海から南西諸島近海。春から初夏にかけて発達。暖かく非常に湿った気団。

○オホーツク海高気圧（オホーツク海気団）

オホーツク海海上。中緯度高層を吹く亜熱帯ジェット気流の流れの変化で５月中旬頃に生まれる、冷たく湿った気団。

○太平洋高気圧（小笠原気団）

太平洋中部から西部。５月中旬頃に発達を始め、太平洋高気圧が日本を覆うと梅雨明けとなる。暖かく湿った気団。

梅雨をもたらす気団

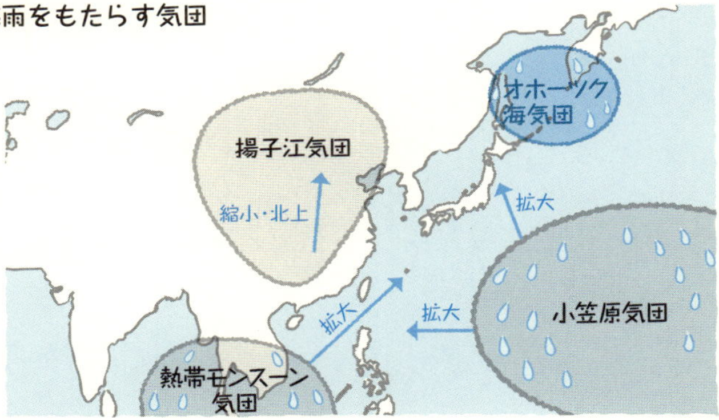

5月上旬まで

春が来ると、中国大陸の上空ではシベリア気団が変質し、乾燥した移動性高気圧「**揚子江気団**」が形成されて勢力を強めます。揚子江気団は、付近の低気圧とともに、日本の春に特有の移り変わりやすい天候をもたらします。

初夏に近づくと、南シナ海付近の「**熱帯モンスーン気団**」が勢力を増して北上します。熱帯モンスーン気団はその北の揚子江気団と衝突を始め、南シナ海では２つの高気圧がせめぎあって前線ができます。これが最初の「**梅雨前線**」です。５月の上旬の衛星画像を見ると、中国南部の華南や南西諸島の南方沖付近には梅雨前線のでき始めの雲の帯が見られます。

5月の中旬頃

梅雨前線は中国南部や南西諸島付近に停滞します。

亜熱帯ジェット気流

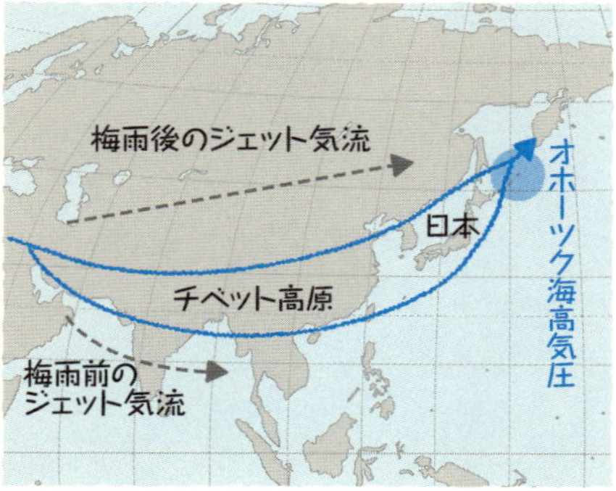

冬季にチベット高原南側のインドからフィリピン上空を吹いていた「**亜熱帯ジェット気流**」は、春から北上を始め、この頃にはチベット高原に差し掛かります。ところがヒマラヤ山脈など標高が高い山々が連なっているため、亜熱帯ジェット気流はチベット高原の北と南に分流します。北側の流れはサハリン付近で「寒帯ジェット気流」と合流し、さらにこの気流はカムチャッカ半島付近で南側の流れと合流します。この影響で上空の大気が滞ると、下降気流が発生し、オホーツク海に高気圧ができます。この高気圧が「**オホーツク海高気圧**」、この高気圧の母体となる冷たく湿った気団を「**オホーツク海気団**」といいます。

同じ頃、太平洋中部の洋上でも高気圧が勢力を増してきます。この高気圧が「**太平洋高気圧**」で、この母体となる暖かく湿った気団が「**小笠原気団**」です。

5月下旬～7月上旬

5月下旬から6月上旬にかけては、九州・四国が梅雨前線の影響下に入り始めますが、中国北部の華北や朝鮮半島、東日本では、高気圧と低気圧が交互にやってくる春らしい天気が続きます。またこの頃から、梅雨前線の東部で、オホーツク海気団と小笠原気団の２つのせめぎ合いの色が濃くなってきます。

６月の中旬になると、中国大陸では南嶺《なんれい》山脈付近に停滞し、日本では本州付近にまで勢力を広げてきます。６月下旬から７月上旬にかけて、華南や南西諸島が梅雨前線の勢力圏から抜けます。この頃になると東北地方も梅雨入りし、北海道を除く日本の本土全域が本格的な長雨に突入します。同じころ、朝鮮半島南部も長雨の時期に入ります。

梅雨明け

梅雨前線

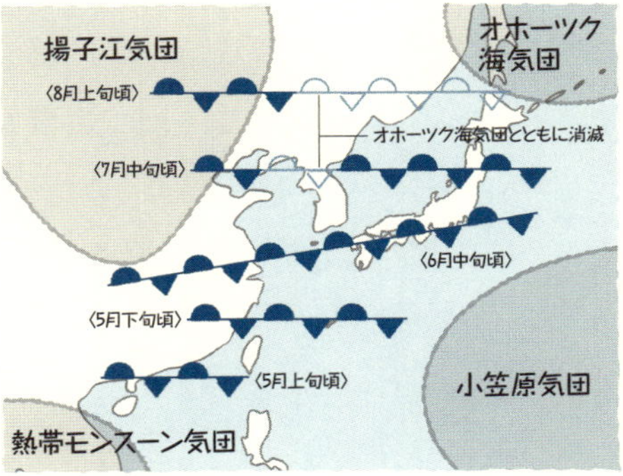

７月半ば、亜熱帯ジェット気流がチベット高原の北を流れるようになり、オホーツク海気団が弱まって来ると梅雨明けです。太平洋高気圧が日本の南海上を覆い続けて晴天が続くようになります。日本本土や朝鮮半島でも南から順に梅雨明けとなります。

5. 日本での降雪

日本海側の大雪

冬季、シベリアの内陸は、少ない日射量と「**放射冷却**」で地表が著しく冷え込み、－35℃以下の日が続きます。放射冷却とは物体からの熱の放射ですが、雲などの遮蔽物のない、天気の良い晴れた冬の夜に顕著な現象です。

チベット高原が壁になり冷たい空気の南下が阻まれ、空気塊は次第に広く重たくなります。これが、乾燥した極めて低温の高気圧「**シベリア気団**」で、中心から時計回りの風が大陸から吹き出します。この風は日本海上空で大量の水蒸気を含み、広大な対流雲を発生させます。日本列島の中心を走る越後山脈や飛騨山脈などに雲がぶつかると、日本海側に大量の雪を降らせます。そして風の中の水蒸気は減り、太平洋側には、乾燥した冷たい「**おろし（ボラ）**」が吹きます。「**西高東低**」の気圧配置とは、大陸で発達したシベリア高気圧と、風が吹き込む先の、日本の東の低気圧のことです。

シベリア気団

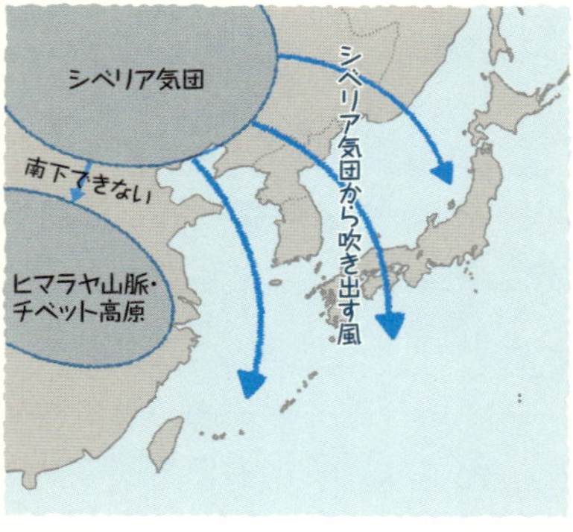

日本海側の降雪

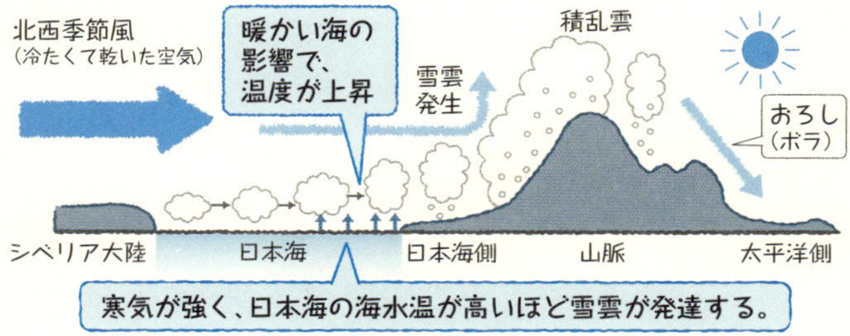

太平洋側の大雪

東シナ海や沖縄近海で発生した東シナ海低気圧が、本州の南岸沖を東進するとき、東海・関東地方などは雪や雨が降ります。この低気圧は「**南岸低気圧**」といわれており、本州や九州・四国の太平洋沿岸のごく近く、または陸地から離れて通る場合があります。真冬には大陸からの寒気がさらに南までを覆い、暖気との境目はずっと南ですが、寒気が弱まると低気圧の発生する場所が北上します。

関東の大雪は２月末から春先に発生しやすくなります。南岸低気圧が発達する場合は急速であり、一般に低気圧の中心が三宅島から八丈島付近を通るコースは降雪となります。「低気圧中心が大島より近いと雨、遠いと雪、鳥島付近を通るとほとんど降らない」といわれます。大雪の場合、太平洋沿岸では、雪への備えが乏しい上に人口の密集地帯なので、交通機関への影響は非常に大きなものとなります。

6. 雨の新技術

人工降雨の研究

日本では数年に一度の割合で渇水が発生し、生活や経済に大きな影響を与えています。また、世界的に水資源の需要が高まっていて、国連などが近い将来に世界的な水不足に直面すると予想しています。そのような水資源開発の問題を解決するための対策の一つとして、人工降雨によって降水・降雪量を増やす研究が進められています。文部科学省は、2006年度から「渇水対策のための人工降雨・降雪に関する総合的研究」を立ち上げ、気象庁の気象研究所を中心に人工降雨の技術開発を行っています。

雨を降らせる方法

スキー場では、雪が少ない場合に人工雪を散布することがありますが、人工降雨はこれとは根本的にアプローチが異なります。人工降雨は、気象現象に働きかけて雨を降らせるのです。現在の技術は、「雲のないところに雨雲をつくる」までには至っておらず、「雲から雨が降るのを促す」方法が主に研究されています。

雲粒や氷晶ができるには、核（凝結核や氷晶核）が必要ですが、純水な雲粒は約－40℃まで凍らない過冷却状態で、微粒子があると氷晶ができやすくなります。人工降雨実験では、雲の中に種（核）を撒いて、人工的に雪粒子などを作ろうとする方法（**シーディング**）が代表的です。ドライアイスを雲の中に撒いて無数の氷の粒を作って成長させる方法や、小さな塩粒を撒いて雨粒の成長を促進させる方法などがあります。また、人工的な氷晶核としてはヨウ化銀、ヨウ化鉛、ヨウ化カドミウムなどの粒子が用いられます。ヨウ化銀は、氷の結晶とよく似た形と性質で、そのまま核となって雨粒が成長します。ただし、過冷却水雲を氷晶化するのには有効ですが、有害物質でもあり、取り扱いに注意が必要です。散布方法としては飛行機を使った方法や、ロケットによって打ち上げる方法なども研究されています。

人工降雨実験

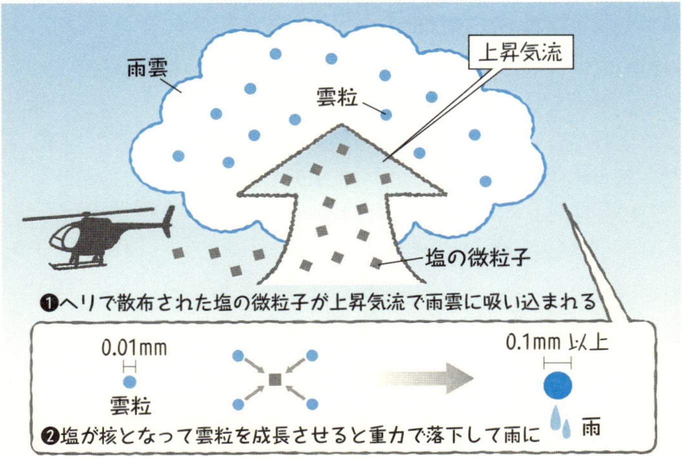
雨雲
上昇気流
雲粒
塩の微粒子
❶ヘリで散布された塩の微粒子が上昇気流で雨雲に吸い込まれる
0.01mm
雲粒
0.1mm 以上
雨
❷塩が核となって雲粒を成長させると重力で落下して雨に

富士山で初の正式な気象観測

中村《なかむら》 精男《きよお》

◆(1855〜1930)◆第３代中央気象台長◆

第３代気象台長・中村精男は、1855年に長州藩士の長男として生まれ、少年の頃は松下村塾《しょうかそんじゅく》で学びました。1871年に上京、1879年に東京大学理学部物理学科を卒業して、内務省地理局測量課に奉職しました。

1886年から３年間、ドイツに留学し、ベルリン大学とハンブルク海洋気象台で気象学を学びます。1890年に、地理局から分離した中央気象台の観測・予報課長となり、所管が文部省に移った1895年から1923年まで、第３代中央気象台長を務めました。またその前の1881年には、寺尾寿《ひさし》ら東大の同窓生たちとともに東京物理講習所（現在の東京理科大学）の設立に携わり、後にその校長にもなっています（1896〜1930年）。まさに草創期の日本の気象学と気象事業を先導した中心人物の一人です。

最近その役割を終えた富士山測候所は、日本上空の高層気象を安定して観測できる拠点として、永年にわたって重要な役割を果たしてきましたが、1889年に富士山頂の久須志岳《くすしだけ》の石室で、初めて正式な気象観測を行なったのも中村精男でした。

1895年には中央気象台が定期的な夏季富士山気象観測を始め、また気象学者・野中至《いたる》が私財を投げ打って山頂の剣が峰に観測施設を建設しました。1932年からは通年の観測が始まり、1965年には山頂の気象レーダーが正式運用され、高所を生かした気象観測施設として、実に輝かしい歴史を富士山測候所はもっていました。

しかし気象衛星の発達やほかのレーダーの運用も進み、人の手による観測の必要性は失われ、2004年以降無人化されて、今では自動の気象観測のみが行なわれています。

6章……太陽光の放射と散乱

1. 太陽放射

大気のエネルギー源「太陽放射」

地球大気のエネルギー源は太陽からの放射によってもたらされています。地表や大気、海水の温度に大きく作用し、大気の循環を引き起こす原動力です。

太陽放射は電磁波によって地球に伝達され、「**短波放射**」とも呼ばれます。「短波」とは、太陽からの電磁波が0.5μm《マイクロメートル》付近（可視光線）という短い波長で最も強くなるため、そのように呼ばれます。

太陽放射は、地球大気の上端と地表面では、受けるエネルギー量が異なります。地表面に到達するまでの間に、大気や雲やエーロゾルなどによって、散乱・反射・吸収されるからです。下の図は大気上端と地表でのエネルギー量の違いを示しています。

大気上端と地表面での太陽放射

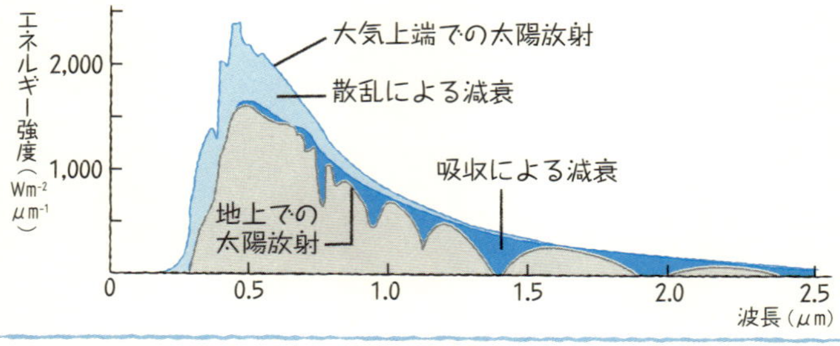

太陽高度角と放射の強さ

太陽の高さによって日射の強さが変わるのは日常的にも感じられることです。この太陽と地表面がつくる角度を「**太陽高度角**」といい、直角（90°）に近いほど太陽放射エネルギーを受け取る量は大きくなり、0°になればエネルギーもゼロとなります。太陽高度角は、緯度・季節・その日の時刻などによって変化します。

太陽高度角と放射の強さ

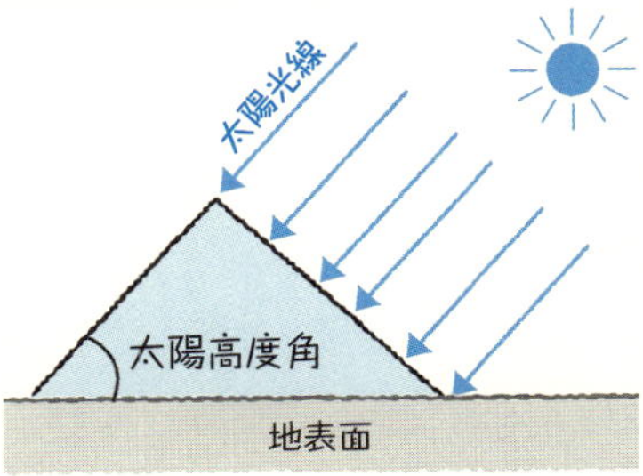

緯度によって変わる太陽高度角

地球の自転軸には傾きがありますが、基本的には低緯度の赤道付近の方が、高緯度の極地方よりも太陽光線が垂直に入射するので太陽高度角が大きくなり、より多くの太陽放射エネルギーを受け取ります。１年を通して赤道付近で気温が高いのは、太陽高角度

緯度と太陽高度角（太陽が赤道上にある場合）

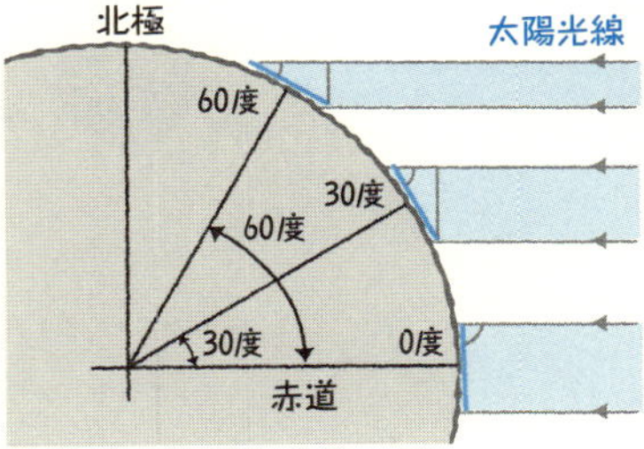

が大きいことによるものです。

季節によって変わる太陽高度角

地球は、自転軸を23.5°傾けて太陽の周りを「**公転**」しています。地球から見ると、太陽は3月20日頃に赤道上に移動し、6月20日頃に北緯23.5°に達します。そこから南へ移動して、9月23日頃に赤道上に移動し、12月22日の頃に南緯23.5°まで達して、また再び3月20日頃に赤道に戻ります。

これらの日付の頃、北半球の中緯度地域や高緯度地域ではそれぞれ**春分**、**夏至**、**秋分**、**冬至**になります。夏至に太陽高度角が最大（太陽の放射エネルギーも最大）となり、冬至には逆に太陽高度角は最小（エネルギーも最小）になるのです。

季節による地球の動き

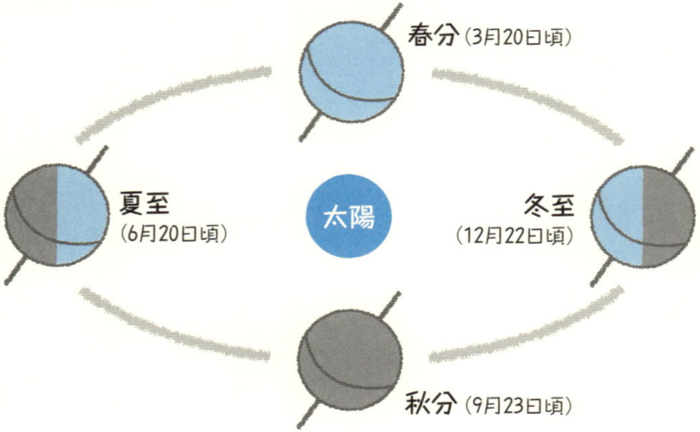

2. 地球の熱収支

地球放射

地表に届いた太陽放射エネルギーの約半分は、大気に吸収されたり雲によって反射されて宇宙へ戻されたりしており、残りの半分が地表に達して、地表を暖めています。また、暖められた地表から出される放射エネルギーによって、地表付近の大気が暖められています。

この地表から放射されるエネルギーを「**地球放射**」、または「**長波放射**」といいます。太陽からの放射では波長が短い可視光が強いのに対し、地球放射は波長8～12μm付近の、赤外線などの長波の電磁波が強いためです。

大気を暖める働き

地表から離れるほど気温が低くなるのは、太陽放射が直接大気を暖めているというよりも、地表放射が主に大気を暖めているためです。対流圏は地表から約10kmの高さまで続き、平均の気温減率は100mにつき0.6℃です。地表の気温が20℃なら、高度10kmで－40℃になります。

太陽が地表を暖めるのならば、なぜ、エベレストなど高い山の山頂の気温は低いのでしょうか？　たしかにエベレストの山頂は低い平野部から見て、太陽に近い距離にありますが、高い山地の面積は標高の低い平野部などの面積に比べると数％もなく、点のような存在です。その点の周りを氷点下の冷たい空気が取り囲んでいるのですから、暖まりようがありません。

気象にとって重要なのは、この対流圏での「上空ほど寒い」という点です。地球放射で暖められる地表付近の空気は軽くなって上昇し、上空の空気は冷やされて下降します。そのため、地表と上空の空気は対流するのです。空気の対流から気象の変化が引き起こされることになります。

地球の熱収支

太陽から大気圏に入ってくる熱エネルギーの49％が地表を暖め、20％は雲や大気圏の水蒸気を暖めています。残る31％のうち、22％は雲、９％は地表から反射されて、そのまま元の宇宙に戻っていきます。

地球と大気圏を合わせて、太陽から69％の放射エネルギーを毎日受け取り続けていますが、地表と大気圏からも、太陽から受けとった量と同じ量の熱エネルギーが宇宙へ逃げています。つまり、地球大気の熱収支は差し引きゼロとなり、バランスを保っています。地表も大気圏も太陽からの放射エネルギーを受けて暖められ、そっくりそのまま同じ量の放射エネルギーを目には見えない赤外線として宇宙へ放出しているのです。

地球大気の熱収支（Kiehl とTrenberth,1997）

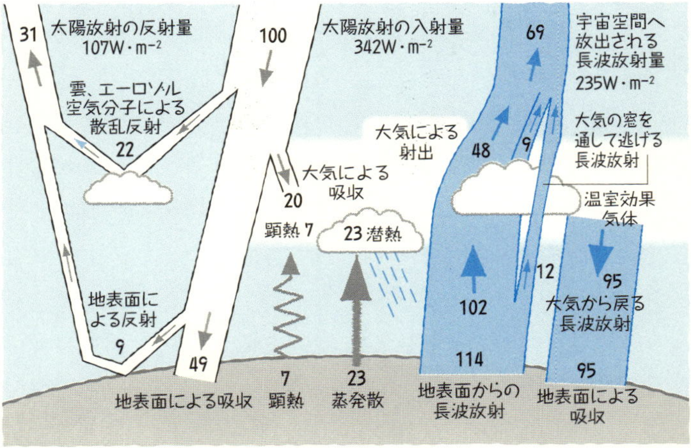

温室効果ガス

本来バランスを保っているはずの地球大気の熱収支ですが、これを崩しつつあるのが人為的に排出されている「**温室効果ガス**」です。産業革命以降、特に20世紀に入ってからは急速に、二酸化炭素、メタン、ハロカーボン類などの「温室効果ガス」の排出が増加しています。温室効果ガスによる「**地球温暖化**」は、生態系や人間社会に大きな影響を及ぼし、人類の生存を揺るがす国際的な問題です。

3. レイリー散乱とミー散乱

太陽光のレイリー散乱

「**散乱**」とは、同じ波長の光がいろいろな方向へまき散らされる現象です。太陽から大気中へ入射する光線が弱められる点では、光の「**吸収**」と同じですが、散乱では吸収のように空気を暖める作用がありません。

大気中での光の散乱現象について詳しく研究したのは、イギリスの**レイリー**（1842 ～ 1919）です。彼は大気中の光の散乱の仕組みを次のように考えました。

①大気中で光を散乱させる物質は主に空気の分子である。
②空気分子に、ある振動数の光がぶつかると、空気分子にそれと同じ振動数の電気的振動を強制的に起こす。
③そのため、光がぶつかった空気分子を中心に、同じ振動数の光が四方へ伝わる（＝散乱）。
④大気中の無数の空気分子が同じ作用をして重なり合うことで散乱光ができる。
⑤散乱光が目に入ることで、人は空を認識する。

これが「**レイリー散乱**」の理論です。「もしもこの散乱の現象がなければ、われわれは白色に光り輝く太陽を見るばかりで、空のほかの部分は夜と同じく暗黒に見える」と、レイリーは考えました。

空が青く見える理由

レイリーはさらに研究を進めて、「波長が短いほど散乱をしやすく光が強い」ことを発見しました。空が青く見えるのは、散乱光全体の中で、波長の短い青い光の散乱光が一番多く含まれているからなのです。

しかし、可視光線の中で一番波長の短い光は「紫色」です。なぜ空は紫色に見えないのでしょうか？

太陽光線が大気の上層で起こす散乱は、確かに紫色の光が多いのです。例えば成層圏を飛ぶ旅客機からは、空は紫色に観察されます（ただし成層圏では、空気が希薄で散乱光自体が弱いので、実際は黒味を帯びた紫色です）。

紫色の光は、大気の上層で大きな割合が散乱されてしまい、

電磁波の波長

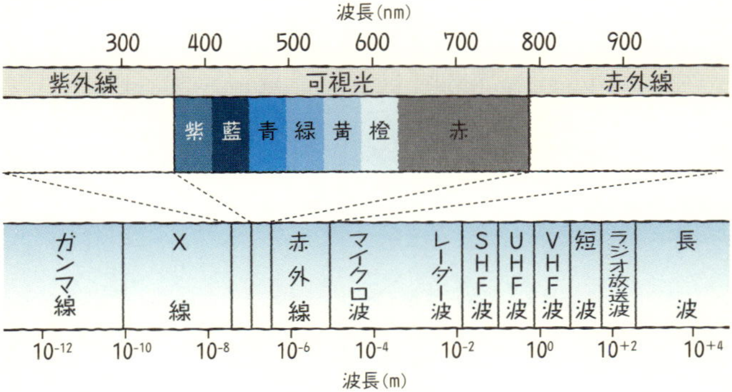

地表にまで達しません。残った色の光線が大気中を進入し、まだあまり弱まっていない青色の光がもっとも強く散乱させられ、地上の人の目に入ることになります。

夕日が赤く見える理由

通過する空気の層の「厚み」によって、届いてくる光の波長（色）が違ってきます。もしも大気の層がもっと厚かったらなら、緑色や黄色、さらに赤色の空も見えることになります。

朝焼けや夕焼けの空が赤くなるのも、そのためです。日の出や日没の頃は太陽高角度が低く、地球の大気の中を通過する距離が長いのです。そのため、青い波長の光が散乱してなくなった後の、赤い光の散乱が目に届くのです。

レイリー散乱

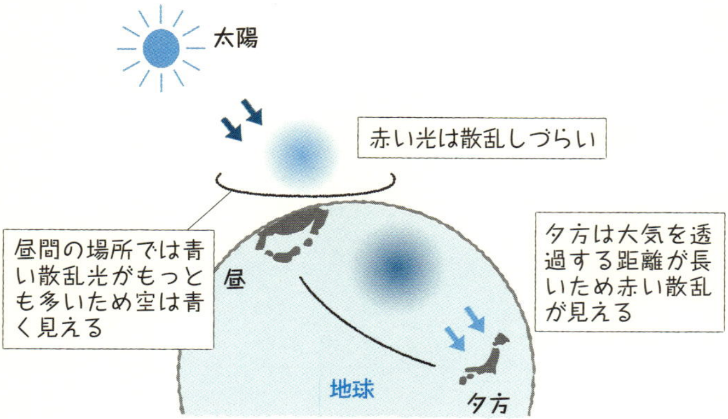

太陽
赤い光は散乱しづらい
昼間の場所では青い散乱光がもっとも多いため空は青く見える
昼
夕方は大気を透過する距離が長いため赤い散乱が見える
地球
夕方

雲が白く見える理由（ミー散乱）

レイリーより後に、散乱の理論の研究をさらに進めたのはドイツの**ミー**（1869～1957）でした。

彼によると、散乱を起こす粒子の大きさが、太陽から入射する光線の波長と同程度かもっと大きい場合（波長の10分の１以上の場合）は、波長と無関係に散乱するようになります。これが「**ミー散乱**」です。空気中の分子の大きさは、入射光線の波長よりもはるかに小さいため、波長によって散乱の強さに違いが生まれたのです。

霧や雲が白色に見えるのは、この理論から説明ができます。霧粒や雲粒の大きさは光の波長とほぼ同じ程度の大きさなのでミー散乱の範囲に入ります。可視光の全ての波長の光を等しく散乱させるので、その結果全ての色を合わせた色である「白」に見えるのです。

大気中に浮遊するちりやほこりも、ほとんどのものは光の波長より大きく、特に吸湿性の海塩核（海水に由来する微粒子）が水蒸気を吸着している場合は大きなものになります。それらのエーロゾルがたくさん浮遊している空も、ミー散乱を起こし、青くならずに白っぽく見えるのです。

4. 雨上がりに見られる虹

虹がかかるとき

光をプリズムに通すと７色に分かれることはよく知られています。これは光の波長（色）によって、屈折率が異なるために起こる現象です。虹は、その太陽光の「**分散**」が雨粒によって起こることでかかります。

光の分散

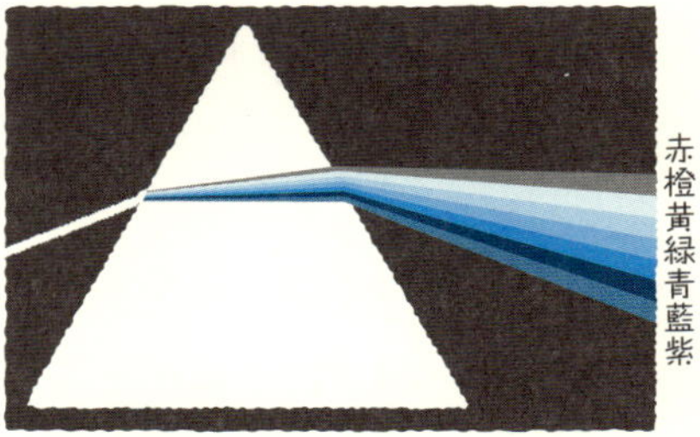

虹を見ることができる状況は限定されています。それは

虹がかかるとき

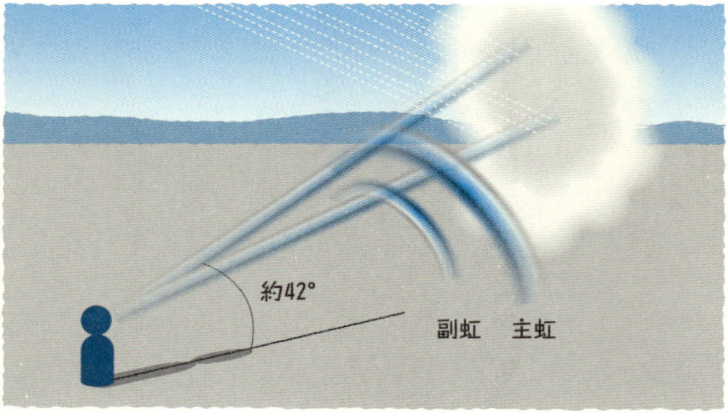

「通り過ぎた雨を前方に見つつ、背後から太陽光線が水平に近い角度で強く差し込むとき」です。通常、雲は西から東へ移動するので、雨が通り過ぎた直後の前方とは東になります。その背後（西）から日が射したときに、東の空の約42°上方に虹は現れます。

虹のできる仕組み

虹の外側は屈折率の小さい光の赤色、内側は屈折率の大きい紫色で、７色の帯が見えます。

さらに条件の良いときには、虹の外側にもう一本、やや色が薄い虹が見えます。色の濃い方の虹を「**主虹**」、薄い虹を「**副虹**」といいます。

主虹と副虹では色の配置が異なり、副虹では外側が紫で内側が赤になっています。これは光の屈折と反射の仕方が違うからです。主虹は雨滴の中で屈折を２回、反射を１回、副虹は屈折を２回、反射を２回起こすことによって見えます。

虹のできる仕組み

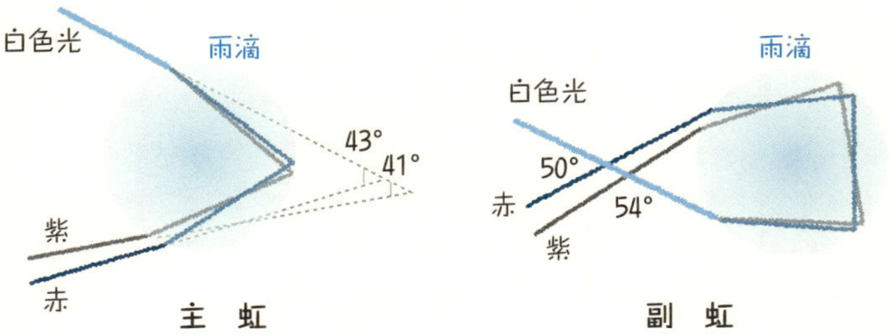

「天気晴朗なれども浪高し」

岡田《おかだ》 武松《たけまつ》

◆(1874～1956)◆第4代中央気象台長◆

1905年5月26日6時の天気図に、岡田武松は食い入るように見入っていました。中心示度997hPaの低気圧が九州近海に、また、989hPaのかなり優勢な低気圧が遼東《りょうとう》半島にあり、西日本から朝鮮、遼東半島までは雨が降っています。岡田は、過去のすべての経験や学理を反芻《はんすう》するようにしばらく瞑目《めいもく》した後、日露の戦場と推定される海域の明日の予報を書き下ろしました…「天気晴朗なるも浪高かるべし」。漢詩を好む彼らしい一文でした。

日露戦争の日本海海戦出撃の際、秋山真之《さねゆき》が大本営に送った有名な報告電報の一節「本日天気晴朗ナレドモ浪高シ」の原案となったのは、この岡田の予報でした。

日本の連合艦隊は、開戦後5時間で、沖ノ島付近に現れたロシアのバルチック艦隊の8割を、丁字戦法という大胆極まりない作戦で撃破しました。この日の戦場は、浪は高いものの天気はよく、逃げまわる敵艦を捕捉するのに好都合でした。翌日、バルチック艦隊の残りのほとんどは連合艦隊にとり囲まれて降伏し、勝利の報は日本国中を熱狂させました。

司令長官・東郷平八郎は、戦場の模様を大本営に報告していますが、戦場の天気については、岡田の予報が100％適中していることを示す内容でした。岡田の判断に加え、朝鮮や大陸の観測所で奮闘する観測者から発せられた気象電報がその基となりました。

岡田は1899年に東京帝国大学物理学科を卒業して中央気象台に入りました。1905年当時は予報課長として日本海海戦当時の天気予報を出しましたが、そのときは弱冠30歳。1923年に、第4代中央気象台長となり、以後1941年まで職を務めました。

7章……気象観測の技術

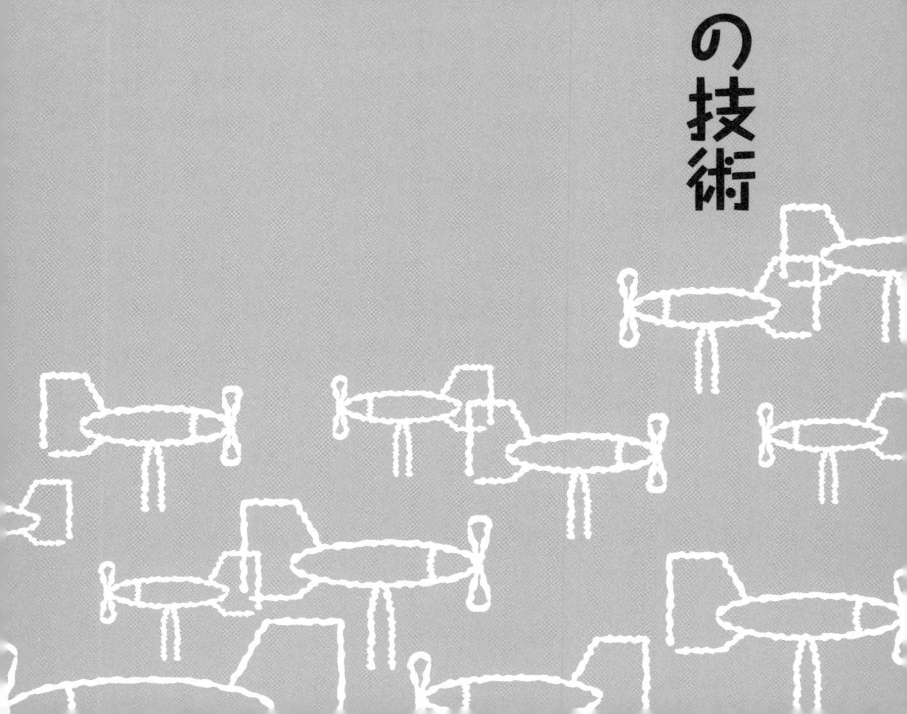

1. 日本の気象観測の歴史

気象観測ことはじめ

日本でも、自然の観察から天気を予想すること（観天望気、P156）は古来行われてきましたが、明治期に入り技術が輸入され、現在につながる科学的観測が始まりました。

鉄道技術者として政府に招聘されたイギリス人の**ジョイネル**が気象観測の必要性を政府に建議し、「**東京気象台**（気象庁の前身）」が設置されます。1875（明治８年）年６月１日から、ジョイネルによって東京での気象観測が始まりました。

また、それより前の1872年には、日本で最初の気象観測施設として、函館に気候測量所が開設されています。その後、各地に気象台と測候所が建てられました。気温・気圧・降水量・風向・風速・湿度などが定時に観測され、観測結果はモールス信号の通信網で各気象台や測候所に届き、天気図が作成されました。

初めての気象警報は1883年の暴風警報の発令でした。天気予報は、1884年６月１日の東京気象台からの１日３回の発表が最初です。「６月１日」は東京気象台が設立された日でもあり、「**気象記念日**」に制定されています。

戦時中の気象情報

気象情報は重要な軍事戦略情報になります。気象レーダーも、もともとは戦時中に開発が進んだ技術でした。日本では1941年の暮れから３年８カ月の間、軍の命令で天気予報が報道されなくなりました。中央気象台と各地の気象台・測候所での観測結果のやりとりは、すべて暗号で送られました。天気予報は軍事機密となってしまったのです。

現在の天気予報

戦後、1950年代末からは、気象庁に電子計算機（コンピュータ）が導入され、データの処理速度が上がって予報の精度は向上しました。1960年代からは気象レーダーが設置され、1970年代にはアメダス（地域気象観測システム）と気象衛星「ひまわり」が運用され始め、ともに天気予報に大きな役割を果たしています。

戦後の気象観測・予報の歩み

1953.2	テレビによる天気予報開始
1959.3	気象庁に電子計算機が導入される
1965.3	富士山頂に気象レーダー設置
1974.11	アメダス（AMeDAS）運用開始
1977.7	気象衛星「ひまわり１号」打ち上げ
1980.6	降水確率予報開始（東京地方、のち全国に）
1994.8	第１回気象予報士試験を実施
1995.5	民間事業者の局地天気予報の自由化
2002.8	インターネットでの気象情報の配信開始
2005.2	気象衛星「ひまわり６号」打ち上げ
2007.10	「緊急地震速報」開始
2014（予定）	「ひまわり８号」打ち上げ

2. 地上気象観測

国際的な観測の取り組み

気象観測は、地上・高層・衛星など様々な観測点から行われています。その中で最も基本的なものは「**地上気象観測**」です。

気象の現象は、そのスケールが数kmの雷雲から、数千kmにも及ぶ低気圧まで様々です。国連の専門機関で、気象業務の国際的な標準化をしている**世界気象機関（WMO）**は、天気予報のための地上気象観測点は150km以下の間隔で配置することが望ましいとしています。

世界各国の気象観測所で、測器を用いて「風向・風速・気圧・気温・降水量・湿度・日照時間・日射量」などの気象要素を定時に観測しています。測器だけでなく、目視によって雲量・雲形、天気現象（雨・雪・雷など）、視程（肉眼で目標物が確認できる最大距離。空気の混濁の度合いがわかる）の観測も行なっています。日本国内では３時間ごとの定時通報観測をしている気象官署（気象台・測候所など）を全国に約60カ所設置しています。

また、海上については航行する船舶が定時に観測して通報したり、海上の特定の場所に「**海洋気象ブイ**」を浮かべたりして観測しています。

地域気象観測システム（アメダス）

世界気象機関の地上観測点の設置基準は、高気圧や低気圧など大規模な現象の予報を目的としたものです。そのため、集中豪雨や雷など、数十～数百km規模で発生する小規模な現象の予報にはデータが粗すぎるという問題がありました。局地的な気象をきめ細かく監視するためのシステムとして、1974年から運用されているのが**地域気象観測システム（アメダス）**です。

「アメダス」の名前は、地域気象観測システム（Automated Meteorological Data Acquisition System）の頭文字をから付けられました（**AMeDAS**）。

日本全土の各地点で、観測と気象データ収集を自動的に行います。「降水量」は、全国1300カ所で観測しており、このうちの約850カ所では、ほかに「気温・風向・風速・日照時間」の4要素も観測しています。降水量の観測は約$17km^2$に1カ所、4要素の観測は約$21km^2$に1カ所でされています。また日本海側など豪雪地帯では、約290カ所に「積雪計」が設置され、積雪の深さを観測しています。

2008年3月に「アメダスデータ等統合処理システム（新アメダス）」の運用が開始され、観測内容が改良されました。気温は10秒間隔の観測になり、最大瞬間風速の観測も開始しました。

アメダスの観測結果は電話回線を通じて自動的に気象庁・本庁内の「地域気象観測センター（アメダスセンター）」に集

められます。品質管理を受けた後、気象庁の気象資料自動編集中継装置（ADESS）によって全国の気象官署や自治体、報道機関などに10分毎に配信され、天気予報に利用されています。

アメダス

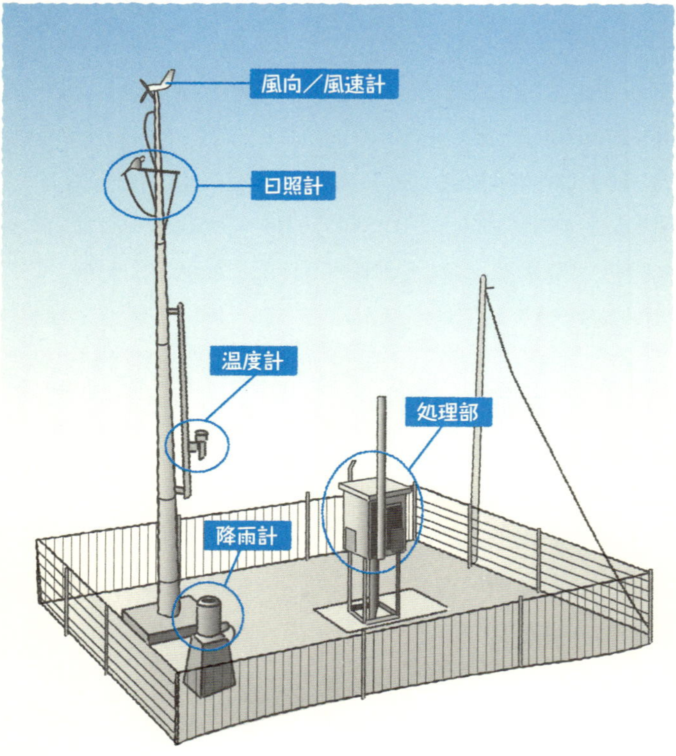

3. 高層気象観測

ラジオゾンデ

ラジオゾンデ

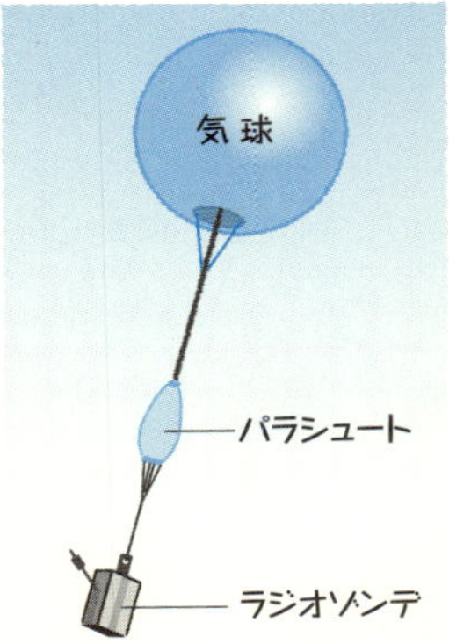

「**ラジオゾンデ**」は、センサーを入れた小型の箱を風船に付けて揚げ、対流圏から成層圏の半ば（上空約30km）までの気圧・気温・湿度を観測します。高層気象観測の代表です。

計測結果は電波によって基地に送られます。また、風船は風によって流されますので、その位置を刻々と追跡して行けば、各層の風向と風速が分かります。風向､風速の観測機能を持ったラジオゾンデを特に「**レーウィンゾンデ**」と呼んでいます。

この観測は天気図を作成するために世界的に同一時刻（日本時間で午前９時と午後９時）に行われます。データはお互いに通信回線で交換され、日本でも北半球全域の天気図を作ることができます。

ウィンダス（WINDAS）

「**ウィンダス**」とは「**局地的気象監視システム**」の略称です。

豪雨・豪雪などの局地的災害をもたらす現象に対する監視・予報を強化するため、ラジオゾンデの高層気象観測網に加えて、高層風を時間的に連続して測定するウィンドプロファイラ観測網を整備しています。

「**ウィンドプロファイラ**」とは、「風（ウィンド）の鉛直分布（プロファイル）を測定する」という英語の合成語であり、気象ドップラーレーダーの一種です。周波数1.3GHZ（波長22cm）の電波を使い、発射した電波と戻ってくる電波の周波数の違いから風の動きを観測します。投球の速度を測るスピードガンと同様の原理です。上空約５kmまでの風向・風速を10分ごとに観測しています。気象庁は、全国31地点にウィンドプロファイラを配置しています。こうして各観測所で観測された上空の風の分布は、１時間ごとにまとめられて気象庁本庁にある中央監視局に伝送され、配信されます。

ウィンドプロファイラ

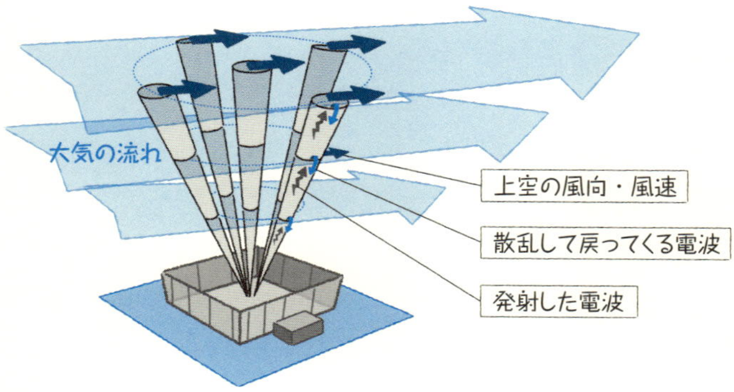

気象レーダー観測

観測地点以外の現象や、規模の大きな気象現象の中の微細な構造を常に分析するために、「**気象レーダー**」による観測も行われています。

気象レーダー観測は、レーダーから大気中に電波を発射し、雲の中の雨粒や氷晶などに当たって返ってくる反射波（レーダーエコー）を捉えて画像にし、連続的に観測するというものです。一般に半径300km以内が探知範囲で、目視や天気図などでは把握しにくい、**メソスケール現象**（数十～数百kmの範囲の気象現象）の観測に適しており、主に大気中の降水粒子の分布状況や集中豪雨、雷雲などの激しい気象の観測に利用されています。

現在では、気象庁の気象レーダー（20カ所）からのすべてのデータはコンピュータで合成され、「レーダーエコー合成図」として、全国の各気象台などに送信されています。

解析雨量図

局所的な強雨を把握し、防災に役立つのが「**解析雨量図**」です。降水量はアメダス、強弱パターンは気象レーダーの観測値に基づいて作成されます。実際の雨量を観測しているアメダスは約17km^{2}に1カ所しかなく、レーダーによる観測強度は、現在1km^{2}です。地上気象観測と高層気象観測の両者の長所を併せて、正確で緻密な気象予報を発信しているのが解析雨量図です。

4. 気象衛星「ひまわり」

昔のひまわり（1～5号）

ひまわり1号

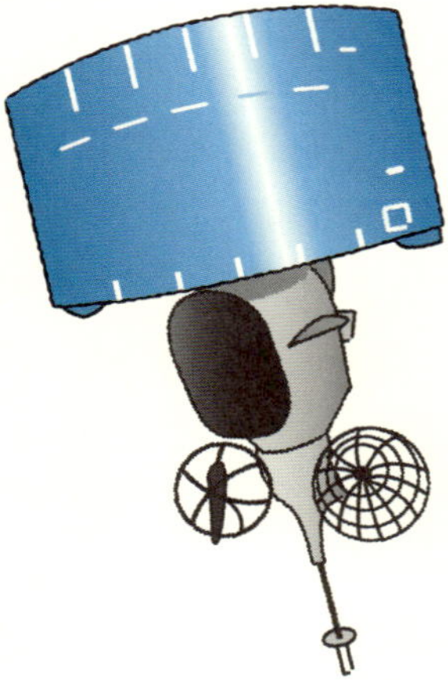

地上と高層の観測に続き、もっとも最近に運用され始めた観測方法、衛星観測について見ていきましょう。宇宙から雲域を撮像していることでお馴染みの、気象衛星「ひまわり」のお話です。

ひまわり1号は、1977年7月14日に、アメリカのフロリダ州・ケープカナベラルで打ち上げられました。その「ひまわり」の愛称は、打ち上げられた季節が夏だったことに由来します。

ひまわりは、東経140°の赤道上空、約36000kmを、地球の自転と同じ周期で回っています。1号～5号までは、丸い円盤の形をした本体の中心にアンテナ軸が固定された衛星で、衛星本体が1分間に100回転するスピン衛星でした。画像撮影には、地上からの命令（コマンド）によって北極から南極に向かって2500ステップで鏡を動かし、25分間で東経

140°の赤道を中心とした全球画像を撮影していました。衛星カメラが地球を向いている時間は、１回転の間の約１％であり、残りの99％は宇宙空間を向いていて、地球表面を捉えることはほとんどできませんでした。

現在のひまわり（6・7号）

ひまわり６号と７号はいつでもカメラ（「**イメージャ**」といいます）が地球を捉えられるように、衛星の重心を原点として直交する３つの軸によって安定化を図った３軸制御型の衛星になっています。

１～５号までのスピン衛星では、宇宙の暗闇を見ている時間ばかりが長かったのですが、６号・７号はイメージャが常

ひまわり7号

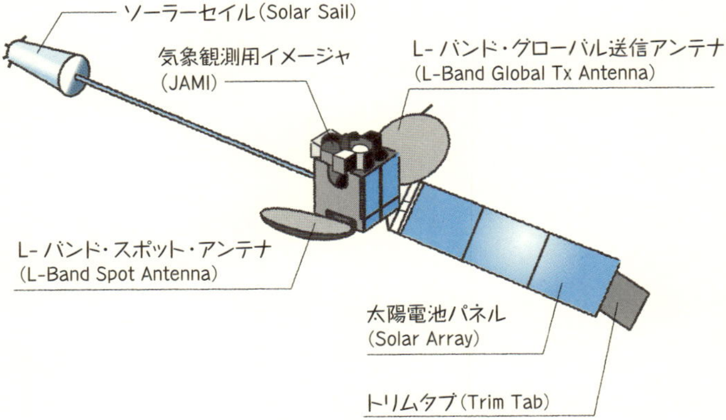

に地球を向くため、観測時間が短くできます。また、大きく広げられた太陽電池で大量の電力を得られるため、気象衛星観測（気象ミッション）を専門に運用するだけではなく、航空機の管制用運用（航空ミッション）も同時に実施できる、「運輸多目的衛星」となりました。

ひまわり６号は2005年２月26日、ひまわり７号は06年２月18日、種子島からＨ２ロケットで打ち上げられ、現在はひまわり７号が運用されています。６号・７号は従来の気象衛星と性能が違うので、「ひまわり」の愛称をつけることが一時危ぶまれましたが、無事受け継がれました。

ひまわりの特徴

静止気象衛星というのは、地球と同じスピードで地球の周りを回転している衛星で、静止しているわけではありません。回転をしているときには、高度や南北の軌道の変動が起こります。気象衛星センターでは、衛星から発信される搭載機器の状態情報を受けて解析を行い、ひまわりの動作に異常がないかを24時間監視しています。異常が発見されると衛星にコマンドを送り、回復を図ります。

また、春分と秋分の時期に限り、ひまわりのデータは注意が必要です。それは地球と太陽と衛星の位置関係によって発生する問題です。

春分と秋分の時期、地上から見て１日に１回、衛星の背後を太陽が通過します。その時、太陽からの放射が原因で地上

世界各国の気象観測衛星

名　称	運用国	静止位置	観測域
GOES-13	アメリカ合衆国	西経 75°	南北アメリカ・西大西洋
ひまわり7号	日　本	東経 145°	東アジア・太平洋西部
千里眼（COMS-1）	大韓民国	東経 128.2°	東アジア・太平洋西部
風雲（FY-2E）	中　国	東経 105°	中東部アジア・インド洋・西太平洋
メテオサット	EU（欧州気象衛星開発機構）	東経 0°	欧州・アフリカ・大西洋
Kalpana-1	インド	東経 74°	中近東・中東部アジア・インド洋

局と衛星との通信が劣化することがあります（**太陽妨害**）。

また、地上局だけでなく衛星側でも影響を受けます。ひまわり・地球・太陽の３者がほぼ一直線に並び、ひまわりの観測機器に太陽光が入射することがあります。入射した太陽光は、観測機器内で反射し、衛生雲画像に観測機器の構造物の一部が映り込むなどの影響が出ることがあります（**太陽迷光**）。太陽迷光の影響を受けた画像は、観測値の変化が発生していてそのままでは使えないのです。

5. 桜の開花発表と桜前線

桜前線

「桜前線」という言葉は、マスコミの用語から一般的になったもので、気象庁の公的な言葉ではありません。日本各地の桜（主にソメイヨシノ）の開花予想日を結んだ線のことをいいます。ちなみに気象庁では「さくらの開花予想の等期日線図」と呼んでいました。

例年、この開花予想日を結んだ線は、３月下旬に九州南部～四国南部に始まり、次第に九州北部、四国北部、瀬戸内海沿岸、関東、北陸、東北と北上して行き、５月下旬には北海道へ進む形で描かれます。

気象庁は、1951年に関東地方を対象に「さくらの開花予想」の発表を始めました。その後、1965年からほぼ全国を対象に実施しましたが、各地にあった測候所の廃止で観測が難しくなり、また民間気象会社も開花予想を発表し始めました。そして2010年度以降、気象庁からの開花予想は取り止めになりました。

開花予想の方法

さくらは夏に、花芽という翌年咲く花のもとを作ります。秋から冬にかけて花芽は休眠し、５℃前後の低温が一定期間続くと休眠状態から覚め、春先の気温の上昇とともに生長し、開花します。

従来、さくらの開花予想にあたって、各地の気象官署では、さくらの花芽の生長が気温に依存する性質を利用して、各地の標本木のつぼみをとり、その重さを量る方法で、各々独自な観測方法で予想を行っていました。

1996年からは、コンピュータを用いて、過去の開花日や平均気温、その年の気温の状況や予想などのデータを使って前年秋からの平均気温の積算値を考慮した方法に変更しました。民間気象会社では、それぞれ独自の方法で開花予想日を発表しており、民間会社同士で競い合いを始めています。

桜の開花予想

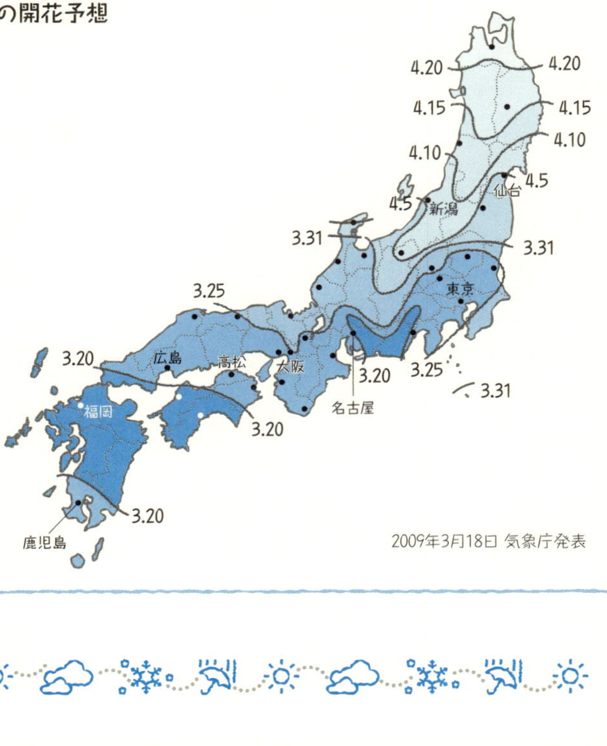

2009年3月18日 気象庁発表

第二次大戦で風船爆弾を考案

藤原《ふじわら》 咲平《さくへい》

◆(1884～1950)◆第5代中央気象台長◆

藤原咲平は1884年10月29日、長野県上諏訪町に生まれました。23歳で東京帝国大学理科大学理論物理学科に入学、卒業後に中央気象台に入り、そこでは天気予報を担当します。1921年に気象台最初の留学生としてノルウェーとイギリスに留学し、ノルウェーで気象学の世界的権威であるビヤークネスに師事、彼の下で前線論的新天気予報術を学びました。帰国後、本業として中央気象台で天気予報を担当しながら、1927年から寺田寅彦の後任として東大理学部教授を兼任しました。

1941年7月、戦争反対論者だったため立場を追われた岡田武松に代わり第5代中央気象台長に昇任。その年の12月には太平洋戦争が起こり、積極的に軍部に協力をしたのでした。

藤原は大本営に「風船爆弾」の利用を申し出ました。風船爆弾とは、和紙とコンニャク糊で作った気球に水素を詰め、ジェット気流に乗せてアメリカ本土を攻撃しようとした兵器でした。千葉県一宮海岸は風船爆弾の基地となり、1944年11月に700個、12月と翌年2月にはそれぞれ1200個を放球したといわれます。風船爆弾は実際にアメリカ本土に届いた記録が残っています。

藤原は、渦・雲・気象光学など、気象の幅広い分野で独創的な研究を行い、後進の育成にも力を尽くしました。しかし戦後、1947年に、気象台長を辞めて第1回の参議院選挙に立候補しようとしましたが、戦争に協力したことから公職を追放されました。以後、著述に専念し、「お天気博士」として親しまれもしましたが、生活は困窮し、1950年に65歳で亡くなりました。現在は多磨霊園に眠っています。

8章……天気図の見方

1. 気象・天気図とはなんだろう？

主な天気図…「地上天気図」と「高層天気図」

各地の観測データを集め、等温線や等圧線を記入し、気団・前線などを分析して気象状態を表した図を「**天気図**」といいます。天気図は、対象となる気象現象の規模や目的に応じて、様々な種類のものが使い分けられています。

最も一般的なのは「**地上天気図**」で、通常、天気図といえば地上天気図のことです。新聞・テレビなどでも頻繁に目にする機会があります。地上の観測データから描かれ、等圧線（4 hPaごと）で気圧が記入されているほか、前線や天気記号、低気圧や台風などが描かれます。各地の地上の気象観測データは、ラジオなどで配信されていて、知識があれば誰でも地上天気図を作成できます。

地上天気図と並び重要なのが「**高層天気図**」です。上空の大気の状態を示したもので、ラジオゾンデ（→P121）で観測された値から、850hPa、700hPa、500hPa、300hPaなど、特定の気圧の高度で天気図が作成されています。複数の高層天気図と地上天気図を組み合わせて総合的に解析することで、低気圧・高気圧や前線の立体的な構造、大気の不安定度を正確に読み解くことができます。

それ以外の気象・天気図

地上天気図・高層天気図は、総観規模（**マクロスケール**）の天気図で、日本列島に接近する気団や、気圧の谷と尾根、前線の発達など、大規模な現象を解析する際に使われます。局地的・短期的な予報には別の気象図が用いられます。

数百km～数十km程度の中規模（**メソスケール**）の気象を把握するためには、「アメダス観測資料」「局地天気図」「レーダー観測資料」「ウィンドプロファイラ観測資料」などが使われます。数km程度の小規模（**ミクロスケール**）の気象には「エマグラム（→P143）」などが使われます。

また、観測されたデータを記号化して、特定の時刻の気象の状態を表す「**実況天気図**」に対して、近い将来の気象の状態をコンピューターで予想して図示する「**予想天気図**」も使われています。

天気図の種類

気象現象の規模	気象・天気図の種類
総観規模 （マクロスケール）	●地上天気図　●高層天気図 ●予想天気図　●気象衛星画像
中規模 （メソスケール）	●アメダス観測資料　●局地天気図 ●レーダーエコー合成図 ●解析雨量図（レーダー・アメダス解析雨量図） ●気象衛星画像 ●ウィンドプロファイラ観測資料
小規模 （ミクロスケール）	●エマグラム　●自記記録計による連続図 ●気象衛星画像

2. 地上天気図の読み方

地上天気図の基本

地上天気図には、地上気象観測で得られた気圧、気温、風向・風速、露点温度、雲量、空の状態（雲の種類）、視程、気圧の変化傾向などが記入され、そこから解析された等圧線分布、高気圧・低気圧、気圧の谷・尾根、前線などが描かれます。

地上天気図（日本式表記
2011年7月4日15時　気象庁発表）

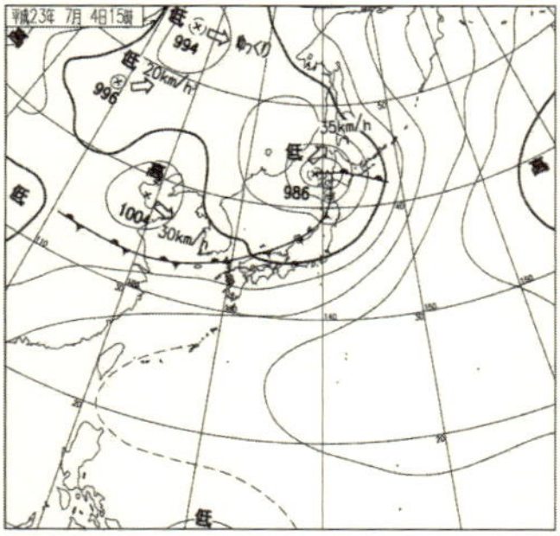

地上天気図は総観規模の大気の動きを見るための基本となる気象図で、特に高気圧と低気圧の発生・発達、前線の発生・変化、それにともなう天気分布の変化を知るのに有用です。記入の仕方には、世界気象機関が定める詳細な「**国際気象通報式**」と、簡略化した「日本式」があります。

地上天気図の気圧分布の表し方

天気図を気圧の表現方法で分類すると、「**等高度面天気図**」と「**等圧面天気図**」に分けられます。等高度面天気図とは「等しい高度での気圧の差」を描いた天気図で、地上天気図はこの方法です。等圧面天気図は、「気圧が等しくなる高度の差」を記入し、高層天気図がそれにあたります。

地上天気図の気圧分布の表し方

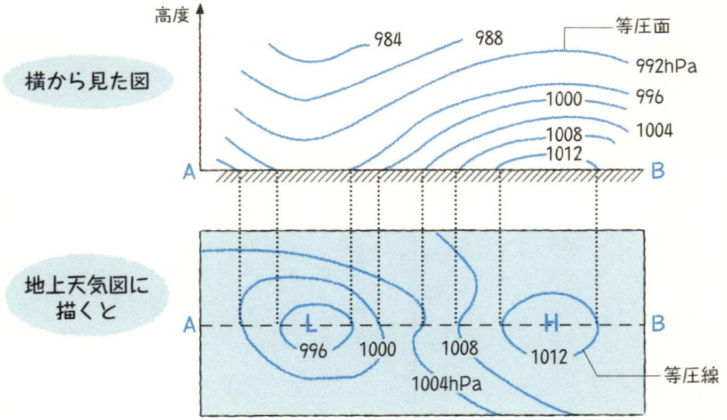

地上天気図では、その場所の気圧を白天気図上に記入して、気圧の同じ場所を線で結び（**等圧線**）気圧の分布を表現しています。観測所で観測された気圧を「**現地気圧**」といいますが、これはそのままでは使われません。各観測地点の海抜高度が違っていて基準に差が出るので、それを地図上に記入しても気圧の高低を検出できません。

そこで、「現地気圧」の観測値を「仮に海抜０ｍ地点（海面）で得られる気圧」に換算した気圧を求め（**海面更正**）、それを天気図上に記入します。海面更正をしても、高度が高いと大きな誤差が生じてしまうため、日本では海抜800ｍ以上の観測点の現地気圧は、等圧線を描くデータには使用されません。

国際式天気図記号

地上天気図の国際気象通報式では、主な地点で観測された気象要素が、各地点（**地域円**）の周囲に下の図のように記入されます。

国際気象通報式の記入例

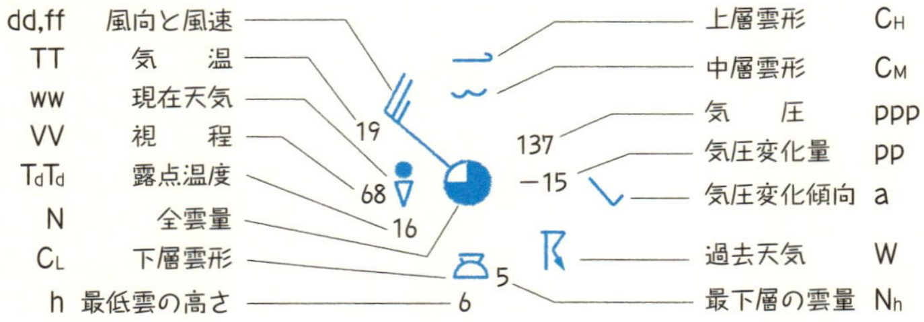

中心の地域円に入る記号は「**全雲量**」を表します。全天の面積を10として、雲が空を覆う面積を10段階で示す「**10分雲量**」という方式が使われます。風向は棒を使って36方位で表現し、風速はその棒の右に羽根を付けて5ノット単位で表します（1**ノット**は、1時間に1海里進む速さで時速1852 m）。現在天気は100種類の記号で記入されます。視程は01～50は0.1km単位、56～80はこれから50を引いた数字のkmです。気圧は1000の位と100の位を省略して0.1hPa単位で表し、137なら1013.7hPaとなります。

そのほか、雲の形や高さ、露点温度（→P67）、過去から気圧や天気がどのように変化したかも記入されます。

主な記号とその意味を紹介します。

全雲量の表記

N		10分雲量	雲量による天気判別
0		0（一点の雲もない）	快　晴
1		1または1以下	
2		2〜3	晴
3		4	
4		5	
5		6	
6		7〜8	
7		9〜10（全天を覆わず隙間がある）	曇
8		10	
9		天空が霧またはその他の天気現象により不明	不　明
／		N＝9以外の理由で雲量を識別できない、または雲量を観測しない	

現在天気の記号と意味

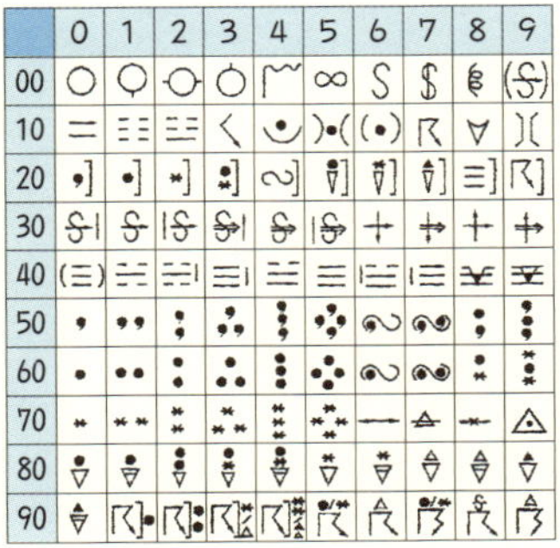

	0	1	2	3	4	5	6	7	8	9
00	前1時間内に雲が 不明	減少	変化なし	発達	煙のため悪視程	煙霧	じんあい		じん旋風	砂じんあらし
10	もや	低い霧		電光	視界内の降水			雷電	前1時間内に視界内 スコール	たつまき
20	前1時間内の 霧雨	雨	雪	みぞれ	着氷性の雨	しゅう雨	しゅう雪	ひょう	霧	雷電
30	砂じんあらし						地ふぶき			
40	霧									
50	霧　雨						着氷性霧雨		霧雨と雨	
60	雨						着氷性雨		みぞれ	
70	雪						細氷	霧雪	雪	凍雨
80	しゅう雨			しゅう雨性みぞれ		しゅう雪		あられ		ひょう
90	ひょう	前1時間内の雷電				雷　電				

風速の表記

風速(KT)	0.5未満	1〜2	3〜7	8〜12	13〜17	18〜22	…	48〜52	…	63〜67
記号										

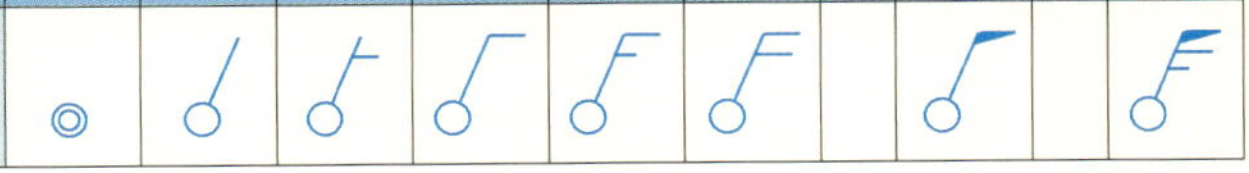

低気圧・高気圧と前線の表し方

等圧線は1000hPaを基準として、4hPaごとに実線で、20hPaごとに太い実線で表されます。高気圧には「H」、低気圧には「L」が書かれ、中央の「×」が気圧の中心です。

高気圧・低気圧の移動方向は矢印（⇒）で示され、速度はノット（KT）で表されます。前線は4つの種類によって使い分けられます（→P33）。

また、海上の船舶の航行の安全のために気象庁が発表する「**全般海上警報**」も記号で記入されます。海上強風警報（[GW]）、海上台風警報（[TW]）、海上濃霧警報（FOG [W]）などです。台風のみ「**予報円**」も書き込まれます。

地上天気図（国際式　2011年7月4日15時　気象庁発表）

3. 高層天気図の読み方

高層天気図の基本

集中豪雨や雷雨などの激しい気象現象、温帯低気圧や台風の発生・発達などは、上層の大気の流れと深い関係があります。また、気圧の谷と尾根、ジェット気流の追跡には上層の気流の状態を知る必要があります。上層の大気の動きから天気を予測するときに不可欠なのが高層天気図です。

850hPa 高層天気図（2011年7月4日15時　気象庁発表）

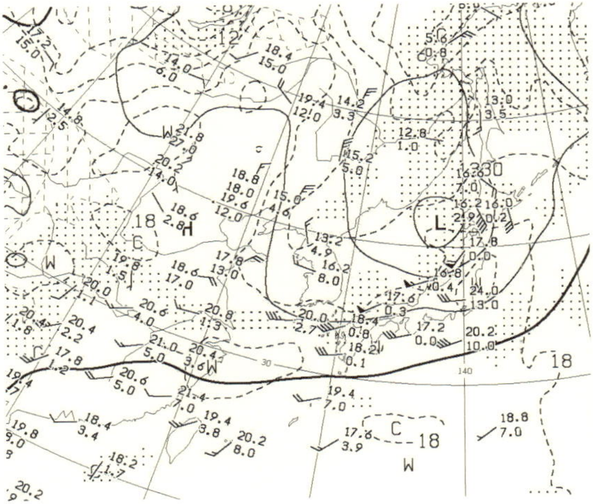

現在の高層天気図は「等圧面天気図」です。850hPa・700hPa・500hPa・300hPaの、気圧を一定にした等圧面上

に、その気圧に対応した高度の値をつないだ「等高線」を描いたものを使用しています。かつては高度1500 m、3000 m、5000 mなど、高度を一定にしてそこに等圧線を描く高層天気図もあったという話も聞きますが、残念ながら著者は見たことがありません。

高層天気図の気圧分布の表し方

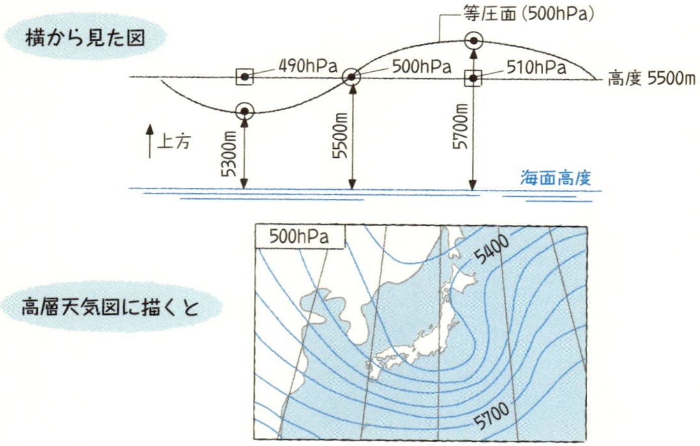

高層天気図に記入する気象要素は地上天気図と比べると少なく、高度以外では風向・風速、気温と湿数（気温と露点温度の差）などです。気温は等温線で結びます（300hPa以外）。また、高層天気図は等圧面なので、本来、高気圧・低気圧と書くのはおかしいのですが、慣例で気圧の中心は「L（低気圧）」と「H（高気圧）」を記入します。

高層天気図の種類

それぞれの高層天気図の特徴について見てみましょう。

○850hPa（高度約1500m）

対流圏下層の天気図です。地形や地表面の摩擦・放射の影響を受けることが少なく、主に前線の検出に使われます。大気下層での収束（上昇流）と発散（下降流）の検出、温度の移流なども解析できます。ドットで示される「**湿り域**（気温と露点温度の差が３℃以下の領域）」により、湿潤空気の状況も分かります。

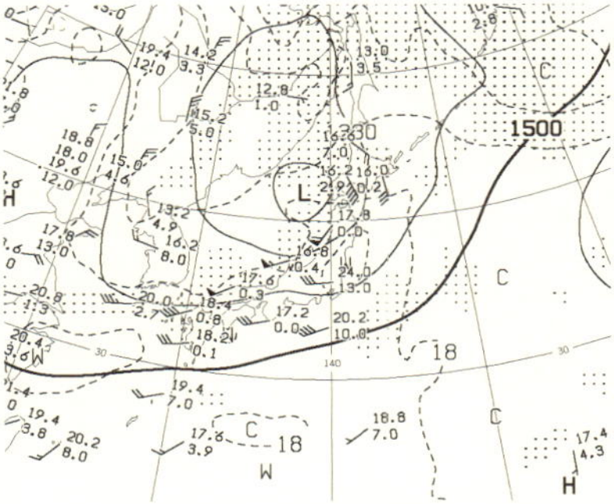

850hPa 高層天気図
（日本付近　2011年7月4日15時　気象庁発表）

○700hPa（高度約3000m）

対流圏の中・下層の天気図です。下層ジェット気流にともなう水蒸気の流れ、雲の発生を把握できます。850hPa面と同様、高・低気圧や前線の解析にも用いられます。

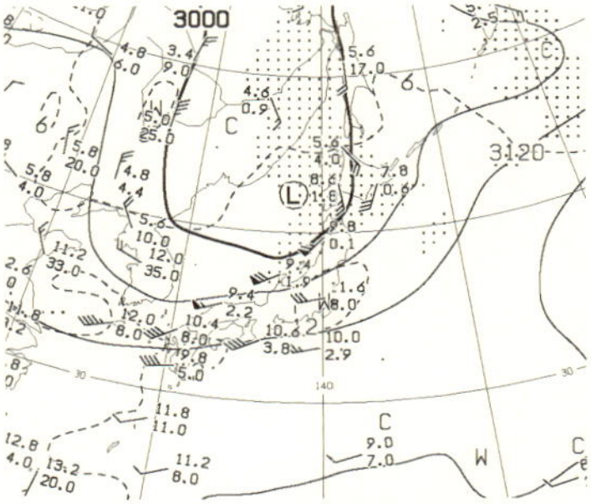

700hPa 高層天気図
（日本付近　2011年7月4日15時　気象庁発表）

○500hPa（高度約5000m）

対流圏上層と下層の状態の関連が分かる中層の天気図です。気圧の谷や気圧の尾根、地上の低気圧や移動性高気圧の動向を予測するのに有効で、高層天気図の中では数値予報のためによく使われます。

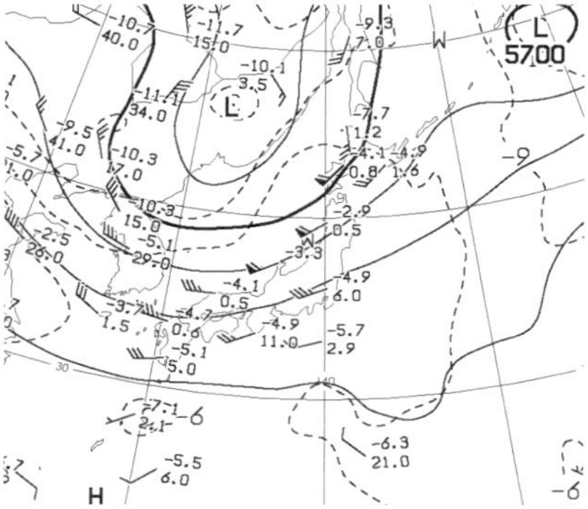

500hPa 高層天気図
（日本付近　2011年7月4日15時　気象庁発表）

○300hPa（高度約9000m）

対流圏上層の天気図です。「**等風速線**」が破線で描かれているので、そこからジェット気流の軸を推測することができます。ジェット気流の動向を把握して、それにともなう温帯低気圧の発達・衰弱・移動を予測するのに有効です。航空気象用に用いられます。

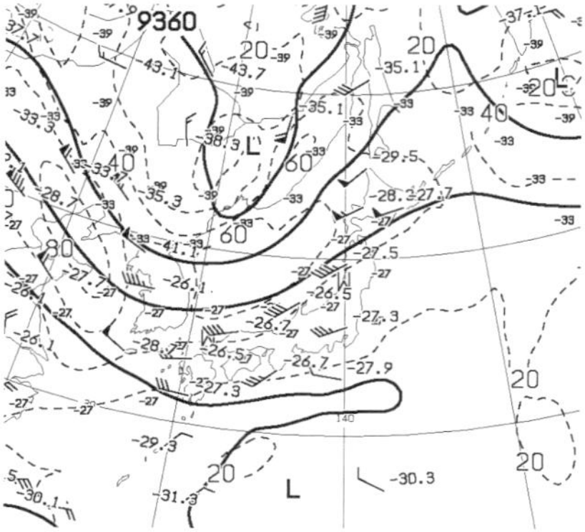

300hPa 高層天気図
（日本付近　2011年7月4日15時　気象庁発表）

4. エマグラムの読み方

エマグラムとは何か

次ページの図は「**エマグラム**」の一部です。上昇する空気塊の温度変化や、大気の安定度（→P.81）を調べるのに便利な図として、以前は気象台の天気解析に使われていました。実物は新聞１ページ大です。現在では計算機で解析するため、業務でエマグラムを使うことはなくなりましたが、教材として、大気の熱力学の理解に役立たせています。

大気の安定度（SSI）の求め方

エマグラムから大気の安定度（**ショワルター安定指数：SSI**）を求めてみましょう。

SSIは、「850hPaの地点の空気塊を500hPaの高度まで強制的に持ち上げたとき、その空気塊の温度と周囲の気温の差」という指標です。持ち上げた空気塊の温度が周囲の大気より暖かいと大気の状態は「不安定」、冷たいと大気の状態は「安定」と分かります。

横軸は温度（℃）、縦軸の目盛は高度が気圧（hPa）で示されています。その中に「乾燥断熱線」、「湿潤断熱線」、「等飽和混合比線」の３種類のラインが示されています。

今、高度850hPaで気温13℃の空気塊を、縦軸の気圧と横軸の温度の座標でエマグラム上に記入します。これを点Aと

エマグラム（部分）

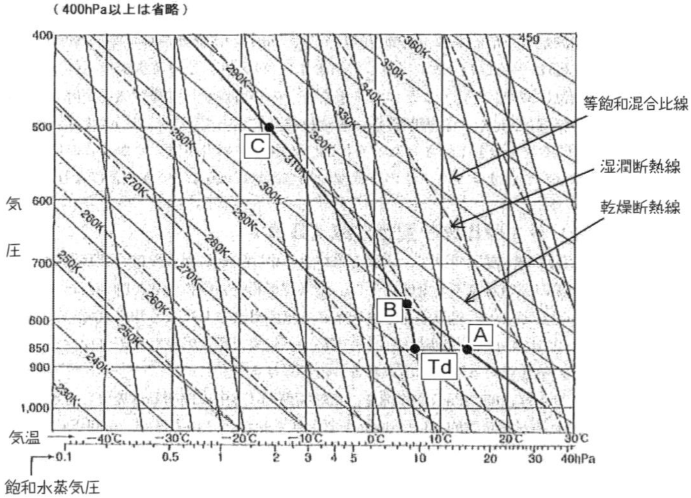

します。

次に、この空気をどこまで上昇させたら、その空気が含んでいる水蒸気が雨粒になるか（凝結するか）を求めます。点Ａを乾燥断熱線に沿って上昇させます。一方、点Ａの空気塊の露点温度は予め別に求めておき、それを点Ａと同じ850hPaの高度上に記入します。この温度をＴｄとします（ここでは６℃とします）。このＴｄを通る等飽和混合比線で上昇させて、先の点Ａの乾燥断熱線に沿った上昇先との交点Ｂを求めます。この点Ｂで、点Ａの空気は凝結します。この時の高度が持ち上げ凝結高度＝雲底の高さです。

点Bから破線の湿潤断熱線に沿って500hPaに達した時（点C）の温度を見ると、－16℃です。点Aの空気塊は、500hPaまで上げられると－16℃になることがわかりました。ここで、500hPa面での気温と比較します。

①500hPaで観測された周囲の気温が－14℃の時は…

SSI＝（－14℃）－（－16℃）＝**＋2℃**

SSIの値がプラス、つまり持ち上げられた空気塊の温度が周囲の大気より冷たいため、**大気は「安定」です。**

②500hPaで観測された周囲の気温が－19℃の時は…

SSI＝（－19℃）－（－16℃）＝**－3℃**

SSIの値がマイナス、つまり持ち上げられた空気塊の温度が周囲の大気より暖かいため、**大気は「不安定」です。**

SSIが0℃以下なら大気は不安定となり、また負の方向に大きな値であるほど、不安定の度合いが強い（＝しゅう雨や雷雨が起こりやすい）ことを示しています。理論上はSSIが負の値なら「大気は不安定」となりますが、現実には様々な不確定要素があるため、実際の気象業務では広く幅をとっています。SSI≦3℃でしゅう雨（雪）、SSI≦0℃で雷、SSI≦－3℃で降雹（こうひょう）、SSI≦－6℃で竜巻が発生する可能性が大きいとされ、目安の一つとなっています。

気象業務の近代化を先導

和達《わだち》 清夫《きよお》

◆(1902 〜 1995)◆初代気象庁長官◆

和達清夫は1902年、名古屋市で生まれました。1922年4月に東京帝国大学理学部物理学科に入学し、翌年に関東大震災に遭遇します。在学中は寺田寅彦の下で震災の調査研究をしたり、藤原咲平に気象学の指導を受けたりしていました。藤原の勧めにより、1925年4月に卒業後、23歳で中央気象台地震掛に就職します。これは関東大震災の惨状を目の当たりにした経験が背景にありました。

その後、深発地震に関する研究で、1932年、30歳で恩賜賞を受賞しました。関東大震災を契機に気象官署に設置されたばかりの「ウィヘルト地震計」を扱うことができた事が受賞の決め手でした。地震のエネルギーの指標である「マグニチュード」は、和達の研究がもとになっており、「和達ーベニオフ面」や「和達ダイアグラム」などの地震に関する学術用語の中に、その業績がしのばれます。また、1936年大阪支台長に転出し、大阪の地盤沈下現象を研究、原因として「地下水過剰吸上げ説」を確立しました。

1947年3月、戦後の困難な時代に中央気象台長に就任し、その後、初代気象庁長官として、1963年に退官するまで、日本の気象事業の復興と発展に尽力しました。

1952年の気象業務法の制定、翌年の世界気象機関への加盟達成、1956年の中央気象台から気象庁への昇格、その後も日本で最初の電子計算機による数値予報の開発、南極昭和基地でのオゾン観測網の整備、気象レーダー観測網の整備、海洋観測船凌風丸《りょうふうまる》の深海観測装置の整備など、在職中の39年間は気象業務の近代化の歴史でもありました。

1985年には文化勲章を受章、1995年に逝去しました。

9章……生活・社会と気象

1．季語の中の気象用語

春（3月〜5月）

【春一番（はるいちばん）】…立春過ぎに初めて吹く暖かい南寄りの強風（風速毎秒8m以上）

冬型の気圧配置が崩れ、温帯低気圧が日本海側を発達しながら北東に進むとき、この春一番が春の訪れを告げます。しかし、その後寒冷前線が通過して急に寒さがぶり返すことが多く、海や山の遭難を引き起こすこともあります。

1859年２月、五島列島沖に出漁した壱岐《いき》、郷ノ浦の漁師たちが強い突風にあって遭難してから、郷ノ浦の漁師の間で初春の強い南風を「**春一番**」と呼ぶようになったのが始まりです。1950年代後半からマスコミで使用され、一般的にも広まりました。

【菜種梅雨（なたねつゆ）】…３月下旬から４月にかけて、一時的に数日間降り続く雨

菜種（菜の花）が咲く頃に降るのでこの名前があります。古くは風の名称で、３〜４月の南東の強風を「**菜種露**」といい、伊勢や伊豆の船乗りの言葉ともいわれました。

【忘れ霜（わすれしも）】…春の終わり頃に降りる霜

緯度や標高が高い程遅く、「**終霜**《しゅうそう》」「**別れ霜**」「**八十八夜の**

別れ霜」などともいいます。

【霞（かすみ）】…大気中に微小粒子（エーロゾル）が浮遊して、ぼやけて見える現象

遠山にかかる霧雲（層雲）、人家からたなびく煙、あるいは霧、もや、煙霧、スモッグなどのため遠景がぼやけて見えること全般を指します。「霧」「霞」「朧」は現象としてはどれも同じで、「霧」は秋の季語、「霞」は春、夜の霞のことを「朧《おぼろ》」と呼んで使い分けます。

【陽炎(かげろう)】…熱せられた地面から昇る暖かい空気の上昇気流が、冷たくて密度の低い空気と複雑に入り混じり、透過する光を不規則に回折させる現象

日射の強い日に、海岸の砂浜や草原などでよく発生し、ゆらゆらと色のない揺らめきが立ち上って見えます。夏の季語ではなく、暑くなり始める時期に多く見られるので春の季語となっています。

【鰊曇り(にしんぐもり)】…春の彼岸頃のくもりがちの空

「**鰊雲**《にしんぐも》」とか「**鰊空**《にしんぞら》」ともいいました。ニシンの大群が、産卵のため北海道の沿岸に大挙して接近する時期の曇りです。地方によって多少の差があり、小樽・余市地方で３月、留萌地方で４月下旬、稚内・利尻地方では５月上旬から中旬にかけての現象でした。しかし、今では古い言葉となっています。

夏(６月～８月)

【雲の峰(くものみね)】…峰のように高くそそり立つ雲

雲を、高くそびえる山に見立てた言葉です。積雲の雄大な雲、積乱雲の無毛雲（雲頂が丸く、毛羽立ったような雲が付いていない状態）を指してこう呼びます。

【山瀬（やませ）／山背（やませ）】…山を越えて吹いてくる風。特に、春から秋に、オホーツク海気団から吹いてくる冷たく湿った北東風のこと

もともとはフェーン現象の性質をもつ風を広く指した言葉ですが、現在は特に初夏から盛夏にかけて北日本（三陸地方）に吹いてくる冷湿の北東風を指しています。やませは岩手県や宮城県で、稲作の冷害の原因となります。

【だし】…陸から海に吹き、船出に便利な風

「**出風**《だしかぜ》」ともいいます。日本海岸では東風、太平洋岸では北風のことが多く、山形県庄内平野では6月を中心に4～10月にかけて吹く東、または南東風の局地的強風があり、「清川だし」といわれています。

【夕立（ゆうだち）】…夏のにわか雨

正午から19時頃にかけて、特に15時頃に多く、夏の強い日射の影響で発生した積乱雲のような対流性の雲から降ります。多くは局地性の雨で、雷鳴や雷をともなう場合がほとんどです。

秋（9月～11月）

【鰯雲（いわしぐも）／鯖雲（さばぐも）】…小斑点状のかたまりが群がり広がった雲

「巻積雲」にあたりますが、「高積雲」を指していうこともあります。「うろこ雲」ともいいます。ときには、さざ波のように見えます。この雲が現れることが鰯の豊漁の兆しとなったため、鰯雲の名で呼ばれるようになりました。

【露（つゆ）】…放射冷却などによって冷やされた空気中の水蒸気が、植物や建物の外壁などで凝結したもの

特に夏の終わりから秋の早朝に露は発生しやすく、秋の季語になっています。冬になって気温が下がると、水蒸気から昇華して「霜《しも》」になります。

【秋霖(しゅうりん)】…秋の長雨

わが国では梅雨は南から始まり北上しますが、秋霖は北から始まり、南下します。

春霖《しゅんりん》(菜種梅雨)、梅雨、秋霖は地域により現れ方が違います。九州、南四国では梅雨が最も顕著、瀬戸内では３つが同程度に現われますが、雨量は多くありません。

中部東海地方は秋霖の雨が最も多く、関東地方も秋霖の雨量が多く、春霖はわずかです。三陸と北海道太平洋側地域では秋霖が顕著です。しばしば台風が接近し、大雨となることがあります。

冬（12月～2月）

【凩（こがらし）／木枯らし（こがらし）】…太平洋側で初冬に吹く冷たく強い北寄りの風

季語としては初冬に用います。一説には「木嵐」から転じた言葉ともいわれています。天気図が西高東低の冬型の気圧配置になったときに吹きます。

【鎌鼬（かまいたち）】…特に原因となるものを感じないのに、膝から脛のあたりで皮膚が突然、大きく鎌で切られたように裂ける現象

初めは出血も痛みも少ないのが特徴といわれています。小規模のつむじ風の中に生ずる真空のうずが人体に触れたためという説もあります。激しい動作に、反射的に応じきれない筋肉と皮膚が裂ける生理的現象ともいわれます。厳寒の時期に多く発生するといわれ、越後の七不思議の一つともいわれます。

【霧氷（むひょう）】…過冷却した霧粒や雲粒が、樹木や岩石などの地物に付着して瞬間的に凍り、無数の細かな氷粒の集まりとなった白色不透明のもろい氷

霧氷の一種で、初めエビの尾のような形のものができ、多くはそれらが集まって一つのかたまりになります。気泡を中に多く含むため不透明で、白色になります。日本では蔵王や八甲田山、富士山の霧氷が有名です。

【風花（かざはな）】…雪雲が頭上になく、青空が見える状態で、遠くに降った雪片が、風に流されてちらつく現象

天気雨と同じように、遠方の山などに降り積もった雪が風で運ばれ、小雪がちらつく現象です。

2. 観天望気

天気のことわざ

近い将来の天気を予測することは、昔から漁師や農民、商人など様々の人々が仕事柄の関心を持っていて、世界各地で**観天望気**（自然現象や生物の行動の変化をもとにした天気の予想）の試みがされてきました。その中には、根拠を科学的に説明できるものもあります。

現在でも、自然現象や生物の行動の様子から、海や山での天候の急激な変化や局地的な気象現象を予想することは、役に立ちます。有名な観天望気から数例をご紹介します。

「カエルが鳴くと雨」

雨の前兆として湿度が高くなると、活動的になったカエルが茂みから出てきて鳴く。

「ネコが顔を洗うと雨」

湿度が高くなると、それを敏感に感じとったネコは、顔や髭に水滴が付着するのを払おうとする。

「ハチが低く飛ぶと雨」

雨が降る前は空気中の湿度が上がり、羽や体が湿気を帯びるので昆虫は低く飛ぶ。

「ツバメが低く飛べば雨」

湿度が上がって、エサとなる昆虫が低く飛ぶと、ツバメもそれを追いかけるため。

「朝、クモの巣に水滴がかかっているのは晴れ」

高気圧に覆われて夜空がよく晴れると、放射冷却によって地面が冷やされ、霧が発生してクモの巣につく。

「飛行機雲がすぐに消えると晴れ」

飛行機雲は排気ガス中の水蒸気が凝縮して水滴となったもの。すぐに消えるのは上空の湿度が低いため。

「飛行機雲が広がると悪天になる」

空気中の湿度が高いと飛行機雲が発達し、それが広がるのは上空の気流が乱れていることを示している。

「おぼろ雲（高層雲）は雨の前ぶれ」

温暖前線の接近によって高層雲が現われ、高層雲が厚みを増すと乱層雲へ変わり、雨が降る。

「太陽や月に輪（暈）がかかると雨か曇り」

暈をつくる巻層雲は、温暖前線の接近で現れるため。

「山に笠雲がかかると雨や風」

低気圧や前線による風で、湿度の高い空気が山の斜面を登り、水蒸気が凝縮するため。

「夕焼けの次の日は晴れ」

天気は西から東へ移ることが多いので、夕焼けが見える西の空で明日の天気がわかる。

「朝焼けは雨」

上の逆。東の空が晴れているということは、「そろそろ西から雨が来るかも」と思わせるため。

「朝虹は雨、夕虹は晴れ」

朝の虹は、西で雨が降って東から太陽を受けると見られる。夕方の虹は、西が晴れ、東が雨で見られる。

「星が瞬くと風が強い」

星が瞬く現象は大気の揺らめきが原因。よく瞬いて見えるのは風が強いから。

「茶碗のご飯粒がきれいに取れると雨」

茶碗からご飯粒がきれいに取れるのは湿度が高いため。

「カマキリの巣が高いところに作られると雪が多い」

研究されていますが、理由は不明です。

「ハチの巣が低いところに作られると台風が多い」

これも同様に、理由は不明です。

「雲の行き違いは暴風雨」

上の雲と下の雲が反対に流れるときは気流の乱れを示しており、台風や低気圧の域内での激しい空気の乱れがある。

3. 気象予報士

気象予報士の役割

この本を手に取った皆さんの中には、「**気象予報士**」の資格に興味をおもちの方もいると思います。天気予報といえば、気象予報士の肩書きの解説者が天気図に指示棒を指す姿が浮かびますが、どのような資格なのでしょうか？

かつて天気予報は、国土交通省外局の気象庁が一元的に行なっていました。国家的規模の防災に関わる重要事項だったため、気象業務は国の仕事だったのです。それが高度情報化社会になり、気象情報へのニーズが高まりました。産業界からも様々な分野で、正確できめ細かい気象情報が求められています。

その社会的なニーズの高まりを受けて、1993年５月、「**気象業務法**」が改正されて生まれた国家資格が気象予報士です。民間業者や地方自治体でも、気象予報士が局地的な予報を出すことが認められました。数値予報やガイダンス、天気予報などが、インターネット上で（財）気象業務支援センターから利用できるようにもなりました。

気象予報士は、個別的なニーズに対応した独自の情報の提供や、独自に加工した付加価値情報の提供、防災にも貢献します。しかし、地震・台風・洪水など、災害が起こるおそれのあるときの「**注意報**」や、さらに重大な災害が予想されるときの「**警報**」など、防災情報の発表は、混乱を招かないよう気象庁しか行えないことになっています。

資格を生かす職場

気象情報は、流通・小売業や観光・レジャー、運輸・海運、製造業や建設業、もちろん農業・漁業など、様々な産業でニーズが高まっています。

気象予報士の資格を生かせる職場には、まず公共団体や企業・個人に気象情報を提供する「**民間気象会社**」が挙げられます。また、気象庁から予報業務の許可を得ている放送局や新聞社などのマスコミ、解説者としての「お天気キャスター」などの仕事もあります。民間気象会社で経験を積んだ気象予報士が独立して「気象コンサルタント」として開業する例もあります。

気象予報士試験の概要

第1回の気象予報士試験は1994年8月に行われ、受験者が約2800名、9月に500名（合格率約18%）の合格発表がありました。1994年度は8月、12月、翌3月と3回実施され、それ以降は年2回の試験が通例となっています。

気象予報士試験の概要

実 施 日	毎年８月と１月の最終日曜日
受験資格	受験資格の制限はありません
受 験 地	札幌、仙台、東京、大阪、福岡、那覇
受 験 料	11,400円（2011年現在）
試験内容	マークシート式の「学科問題（一般知識と専門知識）」と、記述式の「実技試験（１と２）」の、計４科目
合 格 率	受験者約4000名に対して合格者約200名（約５～６％）

本州の日本海側の都市には、受験地はありません。受験料は、制度施行の初めは12000円でしたが、少し安くなったようです。合格率は、第５回以降は１桁となり、厳しくなっているようです。

出題の傾向と範囲

試験は、マークシート式の学科問題（一般知識と専門知識）と、記述式の実技試験から成っています。

一般知識では、気象学の基礎と法令が問われます。出題範囲は決まっており、特に多く出題されるのは「大気の熱力学」「大気力学の基礎」「気象業務関連法」です。コツとしては、気象業務関連法や業務の実際面の問題が３、４問あり、出題傾向が概ね決まっているので、この問題を確実に答えることが重要です。専門知識では、観測データを予報に利用する知識（数値予報）が多く出題されています。

一般・専門どちらも、15問中11問以上（まれに出題ミスのため10問）の正解で合格となります。合格した科目はその後1年間有効です。毎回難易度がバラバラで、非常に難しいときと易しいときがあるように著者には思えます。

記述式の実技試験の内容は、天気図などの資料を使った局地予報、また予想の根拠を問う内容となっています。「実技1」と「実技2」の問題があり、2つの試験を合わせた成績が、60～70%の正解率で合格者を決定しているようです。実技試験については明確な採点内容は公表されておらず、試験官の裁量に左右されるところもあるようです。

出題範囲

科目		内容
学科試験	一般知識	●大気の構造　●大気の熱力学　●降水過程　●大気における放射 ●大気の力学　●気象現象　●気候の変動 ●気象業務法その他の気象業務に関する法規
学科試験	専門知識	●観測の成果の利用　●数値予報　●短期予報・中期予報 ●長期予報　●局地予報　●短時間予報　●気象災害 ●予想の精度の評価　●気象の予想の応用
実技試験		1. 気象概況及びその変動の把握　2. 局地的な気象の予想 3. 台風等緊急時における対応

試験の時間割および試験科目

試験時間	試験科目	試験方式
09:45～10:45（60分）	学科試験（予報業務に関する一般知識）	多肢選択式（マークシート方式）
11:05～12:05（60分）	学科試験（予報業務に関する専門知識）	多肢選択式（マークシート方式）
12:05～13:10	休憩	
13:10～14:25（75分）	実技試験1（気象概況及びその変動の把握、局地的な気象の予想、台風等緊急時における対応）	記述式
14:45～16:00（75分）	実技試験2（気象概況及びその変動の把握、局地的な気象の予想、台風等緊急時における対応）	記述式

おわりに

私が初めて勤務した頃(昭和30年代)の気象庁は、全国でモールス信号による通信網が敷かれていた時代です。「ツートツートツーツートツー」という呼び出しで、すべての仕事はモールス信号で行われていました。各気象台・測候所等の気象官署の通信も、電鍵のキーを叩くモールス信号でした。このモールス信号ができないと仕事が不可能だったのです。天気図の作成も、気象庁や管区気象台が発信する無線放送のモールス信号を、耳で捉えて直記入（信号を即時に図に描く）する方法で、空白の天気図に各地の観測データを記入して作成していたのでした。電話が非常に高価であり、まだ全国に普及していなかった時代でした。

天気予報はこのモールス信号による通信網で支えられ、昭和50年代まで行われていたのでした。

時代は変わって、昭和から平成になり、平成23年になりました。本書の原稿を書き始めたのが、この年の３月上旬でした。ところが３月11日午後２時50分頃、突然大きな地震に見舞われました。2000年に一度発生するかどうかと言われるような大地震と大津波が関東から東北地方の太平洋沿岸の各地域を襲いました。多くの人々が津波にのみ込まれてしまいました。悲劇はさらに増え続けました。福島県の太平洋沿岸に設置されている東京電力の原子発電所が大津波に襲われ、建物に水素爆発の被害が発生したのでした。気象災害はある程度予測することができますが、地震にはそれがありません。「想定外」という言葉が氾濫しています。首都、東京でも計画停電が実施されました。原子爆弾で広島と長崎が被害を受けた日本が、今度は地震と津波で倒壊した原子力発電所の放射線で、大きな被害を受けています。

津波はリアス式海岸で大きくなると言われていますが、そうでない所では大きくならないということではありません。地震・津波は気象とは直接関係はありませんが、自然災害ということでは共通しており、これらの現象が同時に起こることも考えなければいけません。日本の各地にあった測候所は必要がないということで、廃止になり、富士山頂の測候所も御用済みになりました。地震や火山の観測も現地での観測は廃止されています。各地の地方気象台から地震計による観測はなくなったのです。

大正12年の関東大震災をはるかに上回る大地震と津波の悲惨な災害にもかかわらず、政界は混とんとしているようです。今回の災害は未曽有の大災害です。国難と言っても過言ではありません。東北地方の沿岸部で亡くなられた方々、福島県の原子力発電所による放射線被害で避難されている方々のお苦しみはいかばかりかと察せられます。

平和な時代が百年間と続くことは難しいのかもしれません。しかしながら、二千年に一度発生するかどうかという大地震と大津波が我が国を襲うとは！

本当に、たいへんな時代になってきました。第二次大戦でアメリカに悲惨な敗北をし、２発の原子爆弾を落とされた日本が、今度は、再び原子力発電所による放射線の被害を受けています。エネルギーの供給についてまったく見通せない時代が到来しています。

気象を科学的に理解するためには、どうしても物理学の理解が必要です。気象は物理学の応用です。しかし、そんな時にも、やはり一日に一度くらいは青空に浮かぶ雲の流れをゆっくりと観察するのも良いと思います。

直に自然に触れ、一つ一つ疑問を解決していくのも味わいの深いものです。自然は、恐ろしくもあり、また懐の深いものであることを感じるのも悪いものではありません。

皆様の今後のご幸福を祈ります。

2011年　夏　山岸照幸

●● さらに理解を深めるための参考図書 ●●

『気象のはなし』光田　寧 編著（技報堂出版）

『雲と風を読む』中村和郎 著（岩波書店）

『局地風のいろいろ（3訂版）』荒川正一 著（成山堂書店）

『一般気象学（第2版）』小倉義光 著（東京大学出版会）

●● 気象情報が調べられるインターネットサイト ●●

＜気象庁＞
http://www.jma.go.jp/jma/index.html

＜一般財団法人　日本気象協会＞
http://www.jwa.or.jp/

＜財団法人　気象業務センター＞
http://www.jmbsc.or.jp/

＜防災情報提供センター（国土交通省）＞
http://www.mlit.go.jp/saigai/bosaijoho/

＜世界気象機関（WMO）＞
http://www.wmo.int/pages/index_en.html

著者略歴

山岸 照幸（やまぎし てるゆき）

1940年生。北海道滝川市生まれ。気象庁研修所高等部第1回(現気象大学校)を卒業後、気象庁入庁。松江、前橋、横浜地方気象台の台長を経て気象庁を退職。その後「ユーキャン気象予報士講座」の講師。気象予報士。共著書：『ひまわりで見る四季の気象』(大蔵省印刷局)、『島根の気象百年』(日本気象協会松江支部)、『群馬の気象百年』(日本気象協会北関東センター)。

さくいん 索引

あ行

か行

さ行

た行

な行

は行

ま行

や行

ら行

わ行

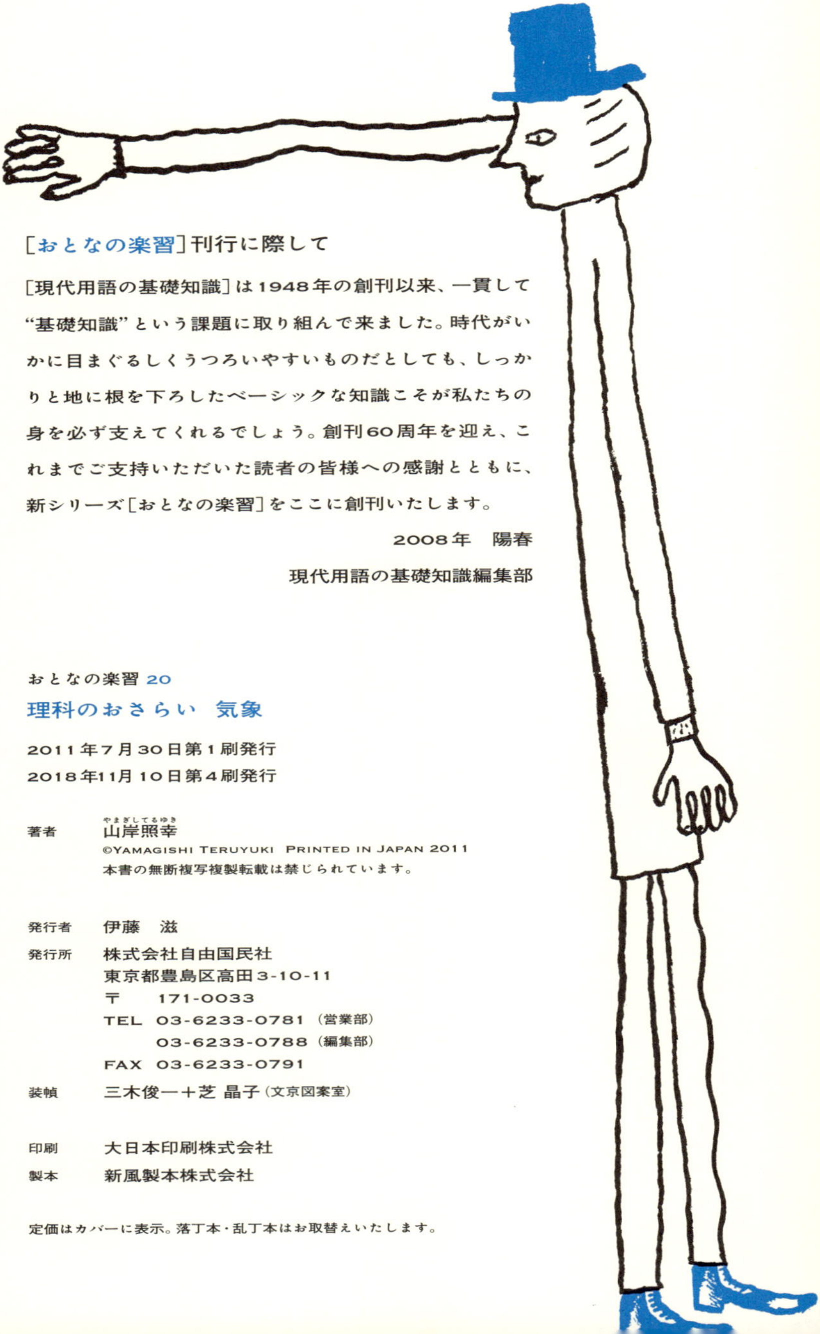

[おとなの楽習]刊行に際して

[現代用語の基礎知識]は1948年の創刊以来、一貫して"基礎知識"という課題に取り組んで来ました。時代がいかに目まぐるしくうつろいやすいものだとしても、しっかりと地に根を下ろしたベーシックな知識こそが私たちの身を必ず支えてくれるでしょう。創刊60周年を迎え、これまでご支持いただいた読者の皆様への感謝とともに、新シリーズ[おとなの楽習]をここに創刊いたします。

2008年　陽春

現代用語の基礎知識編集部

おとなの楽習 20

理科のおさらい　気象

2011年7月30日第1刷発行
2018年11月10日第4刷発行

著者　山岸照幸《やまぎしてるゆき》

発行者　伊藤　滋
発行所　株式会社自由国民社
東京都豊島区高田3-10-11
〒　171-0033
TEL　03-6233-0781（営業部）
03-6233-0788（編集部）
FAX　03-6233-0791
装幀　三木俊一＋芝 晶子（文京図案室）

印刷　大日本印刷株式会社
製本　新風製本株式会社

定価はカバーに表示。落丁本・乱丁本はお取替えいたします。